어느 독일통 외교관의
일본 역사 기행

일러두기

- 책의 전개 순서는 여행 날짜순이다. 그래서 여러 번 방문한 교토 같은 지역은 그 내용이 날짜 별로 분산되어 있다.

- 사진은 대부분 필자가 찍은 것이다. 조각이나 공예품 같은 박물관 소장품은 사진 촬영이 제 한되어 이 책에는 거의 싣지 못했다. 예외적으로 꼭 필요한 경우에만 자료 사진을 활용하고 그 출처를 명시하였다.

- 고유명사는 가급적 일본어 발음으로 적고 한자 표기를 함께 적었다. 다만, 예외적으로 국어 발음이 친숙한 경우, 이를 적었다. 금당, 본전, 배전 같은 보통명사도 국어 발음으로 표기하 였다.

- 일본 천황의 호칭은 역사 기록에서 천황이란 호칭이 처음 나타난 7세기 다이카 개신 이후 덴지 천황부터 천황으로 호칭하고 그 이전은 왕이라는 호칭을 사용하였다.

- 필자가 직접 방문한 사찰 등 문화재에 대한 설명은 현지에서 받은 자료를 우선으로 활용하 였다. 다른 참고 문헌 등을 활용한 경우는, 미주에서 그 출처를 밝혔다.

- 우리가 지금까지 무의식적으로 사용한 청일전쟁, 러일전쟁 등의 표기는 일청전쟁, 일러전쟁 등으로 고쳐 썼다. 이런 표기에서 정해진 법칙은 없지만 보통 우호국이나 상호 관계에 있어 서 비중이 높은 나라를 앞세우는 관례를 고려하였다.

- 방문지에 관련된 역사를 설명하면서 여행 시 필자가 수시로 느낀 여러 단상도 써보았다.

어느 독일통 외교관의
일본 역사 기행

장시정
글을 쓰고, 사진을 찍었다

작년 3월과 올해 1~2월에 걸쳐 두 번의 일본 여행을 다녀왔다. 각 여행 기간이 2주 정도였으니 모두 합친 여행 기간은 한 달 정도다. 작년 여행은 주로 일본의 역사 현장을 다녔고, 올해는 한·일 고대 관계사에 관심을 두고 대상지를 선정했다. 그래서 이 책은 제1부 "일본 역사의 현장을 찾아서", 그리고 제2부 "한·일 고대 관계사의 자취를 찾아서"로 나누어 크게 2부로 구성하고 여기에 2019년 5월 쓰시마 여행과 2019년 9월부터 홋카이도 대학에 방문 학자로 체류할 시 쓴 글을 제3부로 추가하였다.

　나는 2019년 가을 홋카이도 대학 초청 방문 학자로 삿포로에 100여 일을 머물렀다. 하지만 그때는 홋카이도를 벗어나지 못했다. 아니 대학 도서관을 벗어나지 못했다는 말이 더 맞을지 모른다. 느지막하게 불붙은 향학열 탓이었을까? 그러다가 코로나가 터지면서 일본을 떠났고, 이후 해외여행을 갈 만한 특별한 계기는 찾아오지 않았다. 우리 집에는 개가 두 마리 있다. 당연히 여행에 제약이 많다. 하지만 3년이 넘었다. 답답해질 때가 되었나 보다. 불현듯 바람을 쐬고 싶다는 생각이 들었고 일본 여행을 결정했다.

첫 여행은 2023년 3월, 13박 14일간이었다. 첫 3박 4일은 아내와 함께 패키지 여행을 했고, 나머지 기간은 나 홀로 자유여행을 했다. 나는 외교관 현직 시절 독일과 오스트리아만 5번에 걸쳐 13년을 근무한 소위 독일통이다. 독일통의 일본 역사 기행이라니, 왠지 헛웃음부터 나온다. 그래도 그리스의 역사 인문학자인 니코스 카잔차키스가 일본 여행을 시작했을 때 사쿠라櫻와 고코로心라는 단 두 마디의 일본어만 알고 있었다고 고백한 것을 상기해 본다면 나의 형편이 그리 나빠 보이지는 않는다. 용기를 내어 나의 일본 여행을 거창하게, 〈일본 역사 기행〉으로 명명하였다. 일본의 옛 수도인 나라, 교토, 그리고 현 수도인 도쿄 외에 메이지 유신을 추동했던 삿초동맹의 사쓰마와 죠슈, 그리고 도쿠가 막부 260년 동안 대외 창구를 담당했던 나가사키를 목적지로 올려놓았다.

고베부터 시작해서 교토, 오사카, 나라, 도쿄, 닛코, 가마쿠라, 나고야, 가고시마, 나가사키, 야마구치, 하기, 호후, 시모노세키, 그리고 다시 교토 순으로 돌았다. 이 여행 경로는 나라, 헤이안, 가마쿠라, 무로마치, 에도 그리고 메이지 시대까지 일본의 역사 현장을 아우르고 있다. 그래서인지 유람 여행이라기보다는 수학여행이 되었고, 전투적인 여행이 되었다. 하루 평균 1만 9천 보를 걸었다.

작년 3월에 이어 올해 2024년 1~2월에 걸쳐 14박 15일간 다시 일본을 찾았다. 이 여행은 떠나기 열흘 전 급작스레 결정했다. 작년 3월 일본 여행 시 교토의 은각사에서 눈 덮인 은각이 그려진 마그넷을 사 왔고, 그래서인지 작년 언젠가부터 눈 덮인 은각을 보고 싶다는 막연한 마음이 생겼다. 급기야 한겨울 일본 여행을 결행하게 되었다. 하지만 겨울이라고 항상 눈 덮인 은각을 볼 수 있는 건 아니다. 교토는 따뜻하기 때문이다. 그런데 후쿠오카에 도착한 날 오후 눈보라가 쳤다. 택시 기사 분이 교토에도 눈이 내린다고 했다. 하지만 일주일 후 교토에 도착해 보니 눈은 없었다. 결국 눈 덮인 은각은 미망으로 그쳤다.

작년 봄 일본 여행이 일본의 자체 역사에 초점을 맞추었다면, 올겨울 여행의 주제는 한·일 간 고대 관계사였다. 작년 일본 여행에서 양국 간 고대 관계사에 약간이나마 눈을 떴기에 강한 호기심이 발동한 터였다. 14박 15일의 여행 경로는 후쿠오카, 가라츠, 히젠 나고야, 히로시마, 미야지마, 도모노우라, 사카이, 이마이, 고야산, 요시노, 아스카, 나라, 교토, 나고야, 마쓰이, 이즈모, 그리고 다시 후쿠오카로 돌아와서 귀국하는 순서로 잡았다. 이번에는 하루 평균 2만 5백 보를 걸었다.

두 번의 솔로 여행, 고즈넉한 여수를 느낄 틈도 없이 강행군했다. 짧은 준비 기간에도 불구하고 큰 실수 없이 여행을 마쳤다. 평소 늘 마음이 쏠렸던 일본에 대한 호기심이 이 기간에 일거에 분출되었다. 밉든 곱든 일본을 알아야 한다는 생각 때문일까, 이제 이 두 번의 여행을 마치고 일본에 대한 새로운 시선을 갖게 되었고, 특히 한·일 간 고대 관계사에 대한 새로운 궁금증을 조금씩 풀어 갈 실마리를 찾았다. 완벽한 여행가는 자신이 여행하는 나라를 나름대로 창조하는 법이라 한다.[1] 나의 일본 여도 내 나름의 일본을 창조하는 듯한 환상에 빠져들게 했다.

2024년 7월

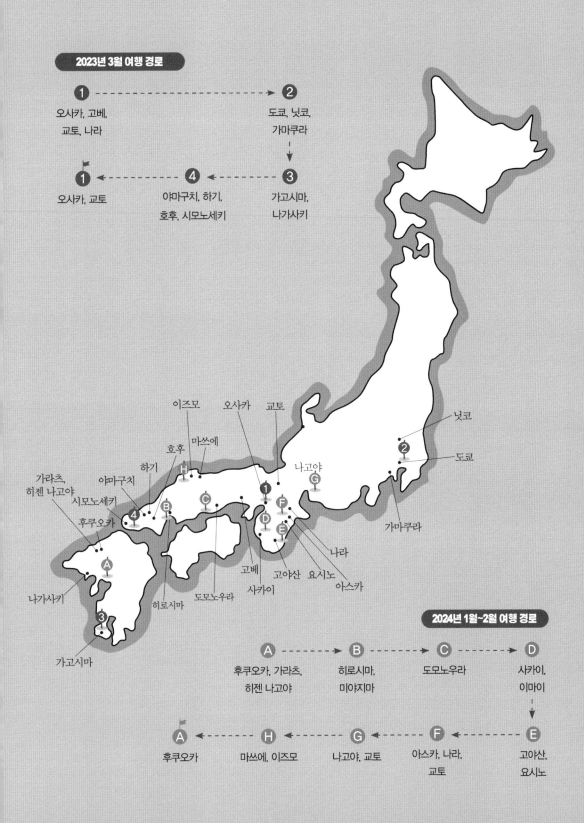

2023년 3월 여행 경로

① 오사카, 고베, 교토, 나라 → ② 도쿄, 닛코, 가마쿠라

④ 야마구치, 하기, 호후, 시모노세키 ← ③ 가고시마, 나가사키

① 오사카, 교토 ←

이즈모
오사카
교토
호후 마쓰에
하기
야마구치
가라츠, 히젠 나고야
시모노세키
후쿠오카
닛코
도쿄
나고야
가마쿠라
나라
고베 고야산 요시노
사카이 아스카
히로시마
도모노우라
나가사키
가고시마

2024년 1월~2월 여행 경로

Ⓐ 후쿠오카, 가라츠, 히젠 나고야 → Ⓑ 히로시마, 미야지마 → Ⓒ 도모노우라 → Ⓓ 사카이, 이마이

Ⓔ 고야산, 요시노

Ⓐ 후쿠오카 ← Ⓗ 마쓰에, 이즈모 ← Ⓖ 나고야, 교토 ← Ⓕ 아스카, 나라, 교토 ← Ⓔ

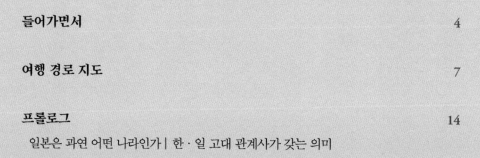

목
차

제1부

일본 역사의 현장을 찾아서

제2부

한·일 고대 관계사의 자취를 찾아서

일본은 과연 어떤 나라인가

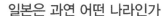

　여행 중 일본은 어떤 나라인가, 그리고 한ㆍ일 관계의 본질은 무언인가에 대한 끊임없는 질문을 해가며 답을 얻으려 했다. 냉전 후기 에즈라 보걸Ezra Vogel 교수는 일등 국가 일본에서 배우자고 호소했다.[2] 일본은 세계에서 단 하나밖에 없는 유니크한 나라다. 지난 2천 년 동안 정권 담당자들은 바뀌었지만, 국가의 정점에 있는 천황이라는 존재는 변함이 없었다. 중국도, 영국도 지배 민족이 바뀌었지만, 일본은 단 한 번도 외세의 지배를 받지 않았다. 굳이 예외를 말한다면 1945년 8월 제2차 세계대전 항복 후 샌프란시스코 조약을 거쳐 1952년 4월 완전한 주권을 회복할 때까지 약 7년간 미국의 지배를 받은 기간일 것이다.

　일본은 또한 중국 주변의 나라로서 중화 질서에 편입되지 않은 거의 유일한 나라다. 7세기 초 쇼토쿠 태자는 수양제에게 "해 뜨는 곳의 천자가 해 지는 곳의 천자에게…"라는 국서를 썼다. 도요토미 히데요시가 조선에 대하여 명나라를 치기 위해 길을 비켜 달라는 요구도 그저 막연한 허풍만은 아니었다. 임진왜란 초기 일본군이 서울을 점령하자 히데요시가 천황을 북경으로 옮기려 했던 기록이 그의 명령서에 남아 있다.[3]

일본은 아시아에 속하면서도 전혀 아시아 같지 않은 나라다. 이들이 메이지 유신 때 탈아입구를 외치며 아시아의 색깔을 빼려고 했기 때문만은 아니다. 고대나 중세의 역사를 보면 태생부터 그렇다. 7세기 일본에 도입된 중국식 제도는 천황을 중심으로 한 중앙집권 정부를 탄생시켰으나 그 이후 무사 통치로 인해 봉건제가 수립되었다. 이것은 봉건제에서 출발해 군현제를 중심으로 하는 중앙집권제로 나아간 중국과는 반대 흐름이다.[4]

신도라는 고대 전래 민속을 국가 종교로 발전시킨 것도 세계 종교사에서 그 유례를 찾아볼 수 없다. 신도는 많은 자연신을 숭배하던 것에서 벗어나 모든 일본인이 하나가 되도록 천황의 지붕 아래 결합하는 국가 신앙이 되었다. 불교 승려가 머리도 깎지 않고 결혼도 한다. 바로 일본 불교 종파 가운데 가장 많은 신도 수를 가진 정토진종이다. 일본의 독자적인 신불교다. 마치 가톨릭에 대항하여 일어난 프로테스탄트와 흡사하다. 그들은 극락왕생하기 위하여 기도하는 게 아니다. 아미타불을 믿는 모든 인간은 극락왕생한다. 이런 점에서는 칼뱅의 예정설에 가깝다.

주자학이 정통이던 도쿠가와 시대에도 주자학에만 치우치지 않았다. 일본인은 세상의 모든 종교와 사상 가운데 합리적이라고 생각되는 것을 취하고 불합리하다고 생각되는 것은 버렸다. 필요한 것만 골라 받아들이는 것은 양쪽에서 모두 이단시되는 결과를 낳았다. 그래서 일본은 주자학의 이단이며 서구 기독교 문화의 이단이다.[5] 중세에 이미 백성 소유의 구니國가 탄생했고 그 체제가 1백 년이나 계속되었다.[6] 일본의 정원은 서양도 흉내를 낼 수 없다. 특히 가레산스이 정원이 그렇다. 그것은 인간이 도달한 지혜와 감수성의 최고봉이다.[7]

1549년 스페인의 선교사 프란시스코 자비에르가 인도와 말라카를 거쳐 가고시마에 왔다. 그는 "이 나라 국민은 내가 지금까지 만난 민족 가운데 가장 뛰어나다."라고 했다. 그가 일본인을 높이 평가한 이유는 첫째, 고도의 정치, 사회적 제도, 둘째, 뛰어난 학문, 셋째, 낮은 문맹률이었다.[8] 17세기 중엽 네덜란드에서 발간된 베른하르두스 바레니우스Bernhardus Varenius의 《일본국 관찰》을 보면, 지식 활동과 기술 면에서 일본이 유럽보다 열등하나, 인도나 조선보다는 앞선다고 했다.[9]

메이지 유신 정부가 해외로 눈을 돌려 '웅비해외론'을 내세우며 "만 리의 파도를 뚫고 나가 사방에 국위를 선양한다."라고 했지만, 일본인들은 이미 센고쿠 시대에 '대항해 시대'라는 세계화의 큰 흐름에 합류하였다. 해외 진출에 매우 진취적이었으며 항해술은 중국은 물론 자바나 말레이, 사이앰을 드나들 정도로 발달했다. 막부의 해금령도 그들의 항해를 멈출 수 없었다. 16세기 초에 벌써 많은 일본인이 인도에서 용병 생활을 했고, 1515년 네덜란드가 반다 제도를 공격할 때 일본인들이 참전했다. 1636년 사이앰 주재 네덜란드 상관의 보고에 따르면 사이앰 국왕은 많은 외국인 용병 중에 약 600명의 일본인 용병을 고용하고 있었다고 한다.[10]

야마다 나가마사라는 사무라이는 17세기 초 대만과 사이앰을 오가며 무역하였고, 사이앰 국왕의 경호대로 들어가 스페인 함대의 침공을 물리치고 아유타나 왕조의 공주와 결혼하여 부왕副王의 지위에까지 올랐다.[11] 당시 사이앰에 벌써 많은 일본 상인이 주재하고 있었고, 캄보디아의 앙코르와트 유적에는 당시 일본인이 남긴 낙서가 남아 있다.[12] 17세기 초에 센다이 영주가 유럽에 파견한 하세쿠라 쓰네나가支倉常長가 로마에 가서 받은 명예 로마시민증은 유네스코 세계문화유산에 등재되었다.[13]

한 · 일 고대 관계사가 갖는 의미

　　문명사 연구의 세계적인 석학 재레드 다이아몬드Jared Diamond는 지금의 일본인이 고대 한국계 이민의 후손일 가능성이 크다고 했다. 그는 고대 일본이 만 년 동안의 조몬 시대보다 700년간의 야오이 시대 동안 인구가 70배나 증가하는 등 훨씬 더 근본적인 변화를 겪었다면서 벼농사를 짓는 철기문화의 한반도인들이 일본 열도로 건너와 수렵문화의 조몬인들을 몰아내었다고 설명한다. 결론적으로 토착 조몬인이 진화한 게 아니라 한반도로부터의 이민자들이 지금의 일본인일 개연성이 크다는 것이다. 유전학적으로도 근대 일본인은 아이누 조몬인보다 한국계에 가까운 야요이인 쪽이 압도적으로 많다고 한다.[14] 한 · 일 간 고대 관계사는 이러한 인종적 연관성으로부터 출발한다.

　　고대 일본의 건축이나 예술을 둘러싼 한 · 일 간 학자들의 주장이나 논쟁을 보면서 내가 늘 갖게 되는 생각이 있다. 바로 "그것이 한국 것이면 어떻고, 일본 것이면 또 어떠랴, 결국 우리 인류의 문화 소산이 아닌가."라는 마음가짐이다. 물론 진실을 알고자 하는 것은 자연스러운 인간 본연의 발로이며 학문과 과학의 출발점이기도 하다. 그럼에도 우리는 한국인이든, 일본인이든, 좀 더 개방적이고 관용적인 태도를 가지면 좋겠다는 생각을 해본다.

《일본의 굴레》를 쓴 태가트 머피Taggart Murphy는 일본의 문화나 제도에서 한국적 요소를 찾아내려는 시도는 양국 간의 오랜 역사적 구원 때문에 심각한 논쟁을 불러일으킨다고 했다. 그는 이렇게 말했다.

"일본이 대륙으로부터 받아들인 것의 상당 부분은 중국보다 훨씬 작은 나라인 한국이라는 필터를 통해 걸러져 들어왔다…. 그중에 어디까지가 한국 것이고, 어디까지가 중국 것이고, 또 어디까지가 더 멀리서 온 것인지를 구분하려는 것은 대체로 부질없는 시도다."[15]

이런 마음가짐을 갖고 한·일 간 고대 관계사를 돌아보자. 한반도에서 온 고대 기마 전사들이 야마토 평원으로 이동하여 일본 현지 주민들을 지배했다는 것은 한국 문화를 사랑한 존 카터 코벨Jon Carter Covell 여사의 주장만은 아니다. 한국인이 일본에서 처음으로 강력한 중앙집권 국가를 만들었다는 개리 레저드Gari Ledyard,[16] 그리고 일본학의 황제 에드윈 오 라이샤워Edwin O. Reischauer[17]로부터 인류학 박사인 피타 켈레크나Pita Kelekna도 최근 그의 《말의 세계사》에서 똑같은 주장을 펼치고 있다.[18]

고대 한국과 일본은 우리의 상상 이상으로 가까웠다. 일본 열도 서부와 한반도 사이를 잇는 해상 세력의 활동이 이미 신석기 시대인 조몬 시대에도 있었다는 것이 밝혀졌다.[19] 고대 한반도와 일본 열도 간의 인적, 물적 교류는 마치 한 나라인 것처럼 활발했다. 문화는 수준이 높은 곳에서 낮은 곳으로 흐르기 마련이다. 이 기간에 한국에서 일본으로 문화가 넘어갔다. 나카쓰라 아키라中塚明 교수는 이렇게 말한다.

"일본의 고대는 한국으로부터 커다란 영향을 받았다. 이는 부정할 수 없는 역사적 사실이다. 고분 시대에 해당하는 5세기의 선진 기술은 대부분이 한국에서 온 이주민을 통해 전해졌다. 문자, 유교, 불교의 전래는 물론이고 최근 새롭게 발견된 아스카무라明日香村의 거북형 석조유물을 살펴보더라도 한국으로부터의 영향을 반영한다. 일본 최초의 본격적인 사원인 아스카데라飛鳥寺의 가람 배치는 고구려 사원과 흡사하고, 기와는 백제 양식이다. 특히 백촌강 전투 이후에 일본에 정주한 백제의 귀족과 지식인들은 고대 일본의 학술, 사상, 문학을 일거에 바꾸었다."[20]

전후 1948년 일본 학계에서 격렬한 논쟁을 불러일으켰던 에가미 나미오江上波夫 도쿄대 교수의 〈동북아시아 기마민족계 왕조의 일본정복. 통일국가(야마토大和)수립설〉, 약칭 〈기마민족 정복설〉은 매우 흥미롭고 주목할 만하기에 여기서 소개해 본다. 그의 주장이다.[21]

"퉁구스계 기마민족인 부여족의 진辰 왕조가 만주 송화강 유역에서 한반도 남부까지 내려와 토착민을 정복하고 금관가야를 세웠으며, 다시금 바다를 건너 쓰시마, 이키섬을 거쳐 북규슈를 정복하여 '한왜연합왕국'을 세우고 기나이 지역까지 진출하였다.

가야에서 넘어온 진 왕조가 왜국을 합병하였기 때문에 새로운 국호가 필요해졌고, 가야에서 볼 때 동남쪽에서 해가 뜨는 곳이라 하여 이 한왜연합왕국을 일본이라고 명명했다. 따라서 가야에 있었던 수도를 일본부라고 불렀다.

한왜연합왕국의 창시자는 제10대 수진왕이며 그 이전의 왕들은 가공의 인물이다. 제15대 오진왕 때 기나이로 진출하여 실질적으로 야마토 정권을 수립했다. 수진왕이 칭기즈칸이라면, 오진왕은 쿠릴타이다.

수진왕 때까지는 수도를 가야에 두고 있었다. 언젠가는 가야 고분 중에 수진왕의 무덤이 발견될 것이다. 지금 일본 천황의 가계는 가야에서 건너간 기마민족 진 왕조의 혈통이다. 진 왕조의 또 다른 분파가 마한으로 들어가 백제를 세웠다. 이것은 중국 하남성에 있는 의자왕의 아들 부여융의 묘지명에 새겨진 '백제진조百濟辰朝'라는 글자로 명확해졌다.

기마민족의 특성상 새로운 땅을 획득하기 위하여 떠나는 쪽이 본가이며, 옛 땅에 남는 쪽이 말가(또는 분가)이기 때문에, 일본으로 건너가서 한왜연합국을 세운 분파가 본가이며 백제가 말가다. 한왜연합왕국인 야마토 정권이 백제 멸망 후 대거 지원군을 보낸 것도 같은 진 왕조 국가이기 때문이다."

이 〈기마민족 정복설〉의 핵심은 결국 일본 최초의 중앙 권력 집단인 야마토 왕조가 북방기마민족을 주축으로 하는 한반도 도래인에 의해 세워졌고, 고대 일본과 한반도 남부는 한 나라였다는 것이다. 에가미 교수가 강조하였듯이 그의 〈기마민족 정복설〉은 야마토 조정이 한반도에 진출하여 일본부를 설치한 것이라는 〈임나일본부설〉을 전적으로 역행하는 것이다.[22] 에가미 교수의 주장은 왜의 뿌리가 한반도인이 아닌 북방기마민족이라는 점에 방점을 찍고 있지만, 고구려, 부여가 북방기마민족의 후예이며 신라에서는 이들 북방기마민족과 신라 귀족들 간에 통혼이 이루어졌다는 점에서[23] 이 '진'나라의 북방기마민족을 한반도인들과 뚜렷하게 구분 짓기는 무리해 보인다.

한·일 간 고대 관계사는 우리에게 많은 의문을 던지고 있다. 그럼에도 에가미 교수의 〈기마민족 정복설〉은 많은 의문을 해소해 준다. 에가미 교수는 〈기마민족 정복설〉이 나온 지 45년 만에 다시 책을 내어 가설로 출발한 자신의 주장이 1990년 김해 대성동 고분의 발굴로 완벽히 입증되었다고 했다.[24] 대성동 고분에서 목곽분, 오르도스형 동복(솥), 호형 대구가 출토되어 북방 유목민의 묘제임이 밝혀졌다는 것이다. 또한 후지노키 고분의 금동관은 아프가니스탄 유적 출토물과 매우 유사하고 로만 글래스도 신라 고분에서 다량 출토되었다고 했다. 에가미 교수의 이런 학문 연구 방법은 칼 포퍼Karl Popper가 제시한 '추측과 논박'에 의한 것이다. 즉 관찰에서 이론으로 나아가는 게 아니라 대담한 추측이 앞서고 이후 엄격한 논박을 통해서 과학적 지식이 성장한다는 것이다.

일본을 넘버원 국가로 치켜세운 에즈라 보걸Ezra Vogel은 5세기에 한국의 군사력이 일본보다 앞선다고 했다. 일본은 고구려로부터 말 타는 법을 배웠고, 6세기까지 문자가 없었고 승려들과 정치 지도자들마저 문맹이었으며, 6세기 중반에 한국의 불교 공예가들이 일본으로 건너가 불상 제작과 사찰 건축에 참여하고 일본 공예가들을 교육하기 시작했다고 했다.[25] 윌리엄 엘리엇 그리피스W. E. Griffis도 이렇게 말했다.

> "진구 왕후의 이야기가 어느 정도까지 진실인지는 정확히 말하기 어렵다. 그 연대는 믿을 만한 것이 못 된다. 서력기원 이전의 시대에도 신라가 일본보다 훨씬 더 우월했다는 것만은 적어도 틀림없는 사실로 보인다."[26]

그럼에도 일본의 메이지 정부는 국수주의, 제국주의 국가 노선을 펼치면서 3세기 초 진구 왕후의 삼한 정벌이나 임나일본부설 같은 왜곡된 주장이나 기억을 끌어내어 일본 국내외로 확산시켰다. 일본의 고대사 왜곡은 조선 멸시관으로 이어졌고, 도쿠가와 막부 시 조선과의 평화적인 왕래 상태에서도 조선 멸시관이 마치 지하수와 같이 지속되었다는 사실은 주목할 만하다.[27] 급기야 정한론이 나왔고 한국은 일본의 식민지가 되었다. 그리피스는 일본의 이런 주장이 전쟁까지 유발했다고 아래와 같이 말했다.

> "일본은 항상 한반도, 그중에서도 신라가 자신의 속방이었다고 주장한다는 사실을 기억해 두는 것이 좋을 것이다. 그들은 중국의 조정에서 양국의 사신들이 만날 때마다 이와 같은 주장을 내세웠을 뿐만 아니라 1876년 이후에는 국가 정책으로 이를 주장했다. 이러한 주장으로 인해 피나는 전쟁(임진왜란)을 치른 적도 있다."[28]

역사 왜곡이 전쟁으로 비화한 사례는 멀리 갈 것도 없이 지금도 포성이 울리고 있는 러시아의 우크라이나 침략 전쟁에서도 볼 수 있다. 푸틴은 988년 성 루스Holy Rus 발데마르 군벌이 키예프에서 개종한 역사적 사실로부터 우크라이나 침략을 정당화하려고 한다.[29] 중국의 동북공정도 마찬가지로 매우 위험한 주장이다. 라이샤워는 한 · 일 간 역사 왜곡의 근거가 되는 《고사기》와 《일본서기》에 대하여 비판적 시각을 숨기지 않았다.

> "서양적 기준으로 보면 터무니없이 단순하고 때로는 점잖지 못한 초기 신화로 채색되었음에도 이 두 서적은 어떤 의미에서 현대 일본인에 있어서 극단적인 국수주의의 성전이 되고 있으며, 또 때로는 역사적으로 타당하지 않은 요인을 진정한 사실이라고 정부 정책을 통하여 국민에게 밀어붙이기까지 하고 있다."[30]

그러므로 고대 한 · 일 관계사의 정확한 이해가 한 · 일 양국을 위해서 현실적으로도 매우 필요한 작업임이 틀림없어 보인다. 그렇다고 오늘날 세계 굴지의 문화 수준을 자랑하는 선진 일본을 폄훼하고자 하는 것은 아니며 한 · 일 간 역사의 흔적을 있는 그대로 찾아보고 우리의 단절된 문화의 자취를 상기해 보고자 할 뿐이다. 천 년도 더 넘은 과거에 우리 문화가 우월하여 일본을 선도했다 하더라도 흘러간 과거지사일 뿐이다. 문화란 현지에서 융화, 재창조 과정을 거치기 마련이며, 문화는 결국 나누는 것이다. 우리가 누렸던 고대의 선진 문화를 일본과 나눈 것도 자연스러운 세계화의 하나로서 봐야 하지 않을까.

일본인들은 결코 모방적이지 않다. 오히려 매우 독창적이다. 일본에는 중국과 한반도에서 볼 수 없는 독특한 제도나 전통이 많다. 과거제도, 환관, 족외혼, 일부다처제, 역성혁명 사상, 전족이 일본에는 없다. 반면에 막부와 사무라이, 문장 紋章 같은 것은 일본에만 있다.[31] 세상의 모든 나라는 고유하지만 일본은 고유함으로 가득한 보고다.[32] 일본인들은 절제할 줄 알고 활기가 있으며 용감한 민족이다.[33] 일본인들의 문화, 예술 감각은 세계 어느 나라, 어느 민족보다 월등히 높다. 공산주의자 마오쩌둥의 말을 인용하기는 내키지 않지만, 그가 "일본은 위대한 민족"이라고 한 말은 진심을 담은 것으로 보인다. 나는 일본의 정원을 볼 때마다 일본인에 대한 존경심을 감출 수 없다.

日本

제 1 부

일본 역사의 현장을 찾아서

▲ 가마쿠라 다이부츠(대불)

14일간의 여정, 첫 목적지 고베

▲ 로코산 정상부 시다래 전망대

3월 18일 아침, 인천공항을 출발하여 비행시간 1시간 10여 분 만에 오사카 간사이공항에 도착하니 여행사의 대형 버스가 대기해 있다. 안락함은 확실히 패키지여행의 장점이다. 공항에서 고베로 직행, 첫날 반나절 동안 고베를 둘러보았다. 로코산六甲山 정상부 가든 테라스에서 내려다보이는 고베 항만의 정경을 즐긴 후 메이지 시대 서양 무역상들이 살았던 기타노 지역의 이진칸異人館 거리로 내려갔다. 등신대 인형을 사용, 옛 주조 공정을 실감 나게 보여주는 하쿠츠루 주조 자료관, 그리고 레스토랑과 카페가 몰려 있는 하버랜드 모자이크를 돌아보고 숙소로 돌아왔다. 이날 비행기도 타고 2만 보 가까이 걸었지만 전혀 피곤하지 않았다. 역시 여행은 즐거운 것인가 보다.

서양식 건물, 이진칸이 늘어선 기타노 지역

기타노 지역에는 1909년 지어진 고트프리트 토마스Gottfried Thomas라는 독일의 무역상이 살았던 집 외에도 유럽식 건축물들이 수십여 채가 보존되어 있다. 토마스가 살았던 집은 뾰족하게 솟은 지붕 위에 수탉 모양의 풍향계가 있어 '가자미도리노 야카타風見鷄館'로도 불린다. 기타노 지역에는 지금도 가톨릭, 프로테스탄트 교회, 시나고그, 러시아 정교회 등 다양한 종교 공동체가 있으며 이곳 이진칸 거리는 국내외로부터 찾아오는 사람들로 늘 북적인다. 기타노마치 광장까지 오가는 길에서 많은 외국인 관광객을 볼 수 있었다. 백 년 역사의 니시무라 커피점과 백년도 넘은 건물을 리모델링한 기타노이진칸 스타벅스도 여기에 있다.

▲ 100년 전통의 니시무라 커피집

▲ 기타노 광장에서 내려다보이는 고베시. 오른편 서양식 건물이 고트프리트 토마스의 집

양이를 유신으로 바꾼 격동의 개항장

고베는 로코산의 산세가 그대로 급격하게 떨어져 만들어진 깊은 수심을 가진 천연의 양항이다. 고베의 옛 이름은 효고兵庫였다. 효고는 나라와 교토의 인근 항만으로 헤이안 시대 천황의 사절이 중국으로 떠나던 항구였다. 일본 국내의 동서 항로와 대륙을 잇는 거점으로 고대로부터 발전한 일본 최초의 국제무역항이었지만, 16세기에 들어와 사카이와 나가사키에 그 자리를 물려주어야 했다.

1180년 겐페이 전쟁의 와중에서 2살짜리 안토쿠安德 천황이 그의 외조부이자 셋쇼(섭정)였던 타이라노 키요모리의 손에 이끌려 피신차 5개월 동안 이곳에 머물기도 했다. 도쿠가와 막부 시절에는 막부의 직할 도시였고 메이지 유신 직전 막부에 의해서 사카이와 함께 1868년 1월 서양에 문을 연 개항장이었다. 1858년 막부가 미국과 맺은 수호통상조약상의 개항 약속에도 불구하고, 조정의 반대로 개항이 지연되어 온 고베의 개항은 유신의 와중에서 막부 측의 한 차례 값진 승리였다.[34]

하지만 개항 직후 1868년 2월 발생한 '고베 사건'은 일본의 권력이 막부에서 메이지 유신 세력으로 넘어갔음을 알렸다. '고베 사건'이란 고베항을 경비하던 비젠번(오카야마현) 병사들이 그들의 대오를 가로지른 프랑스 수병을 공격하여 총격전으로까지 번진 사건이다. 이 사건은 프랑스 수병을 공격한 비젠군의 책임자인 타키 젠자부로滝善三郎의 할복 처분으로 일단락되었다. 대정봉환 후 메이지 신정부가 맞닥뜨린 첫 외교 과제로서 막부를 대신하여 메이지 신정부가 외교 전선에 나서게 되었음을 구미 열강에 알렸고, 기존의 양이 정책을 개국 화친 정책으로 바꾼 계기가 되었다.

1899년 8월 고베 관함식에 참석한 독일군의 빌헬름 폰 리히트호펜Wilhelm von Richthofen 남작은, 교토가 역사가 충만한 도시임에 비해서 고베는 활기찬 상업과 산업 활동의 중심지이자 꾸준히 성장하는 국제 해운의 도시라고 평가했다. 당시 관함식에는 천황의 임석하에 18척의 전함과 순양함, 그리고 24척의 구축함이 퍼레이드를 벌였다. 여기에는 프랑스, 러시아 전함도 참여하였다.[35]

1995년 대지진의 기억

1995년 진도 6.9의 대지진이 이 도시를 덮쳤다. 당시 고베 총영사관에서 근무했던 동료는 잠을 자는 중 침대에서 튕겨 나가듯 떨어졌지만, 운이 좋아 다치지 않고 살아남았다고 했다. 6,400여 명이 당시 이 한신 대지진으로 사망했다. 항만의 하버랜드에서 당시 무너져 내린 철근콘크리트 더미를 볼 수 있었다. 나도 자카르타 근무 시 두어 번 지진을 경험했다. 인도네시아도 일본과 함께 환태평양 '불의 고리'에 속하는 지역이다. 지진의 공포는 겪어보지 않은 사람은 제대로 실감할 수 없을 것 같다. 한 번은 아파트에서 식탁 위 전등이 뎅그렁거리며 흔들렸고, 또 한 번은 호텔에서 패닉에 빠진 사람들이 소리를 지르며 계단과 복도로 몰려나왔다. 그럴 때는 말 그대로 혼이 나간다.

한국도 이젠 지진으로부터 안전지대가 아니라 한다. 20여 년 전부터 우리 건물들도 내진 설계를 하도록 하였는데 건축시 어떻게 이행되고 있는지, 또 실제로 얼마나 효과가 있을지 궁금하다. 일본의 건물들을 보면 상당히 단단한 느낌이 든다. 설계 기준이 상당히 높을 것 같다. 물론 건축비도 그만큼 더 들겠지만 지진 시 보험 비용 정도로 생각한다면 기꺼이 지출할 수 있지 않겠나. 우리 건물들은 내진 설계가 의무화된 이후에 적어도 외형적으로는 그전의 건물들과 별 차이가 없어 보이고, 시공 회사들도 여기에 특별한 설명이나 홍보도 없어 여전히 의구심이 가시지 않는다.

고베에서 마주친 일본의 첫인상

일본이란 나라는 언제 가봐도 질서정연하다. 공항 입국장에서부터 줄 서는 연습이라도 하는 것 같다. 스타벅스에 가서도 바닥에 표시해 놓은 발자국에 줄을 선다. 줄을 서야 하고 또 기다려야 하는 일본 여행에는 인내심과 체력이 필수다.

▲ 줄을 서서 기다리는 위치를 바닥에 표시한 스타벅스

도시 공공 시설물이나 건물들이 주변 경관과도 잘 어우러져 조화롭다는 느낌이 든다. 고층 건물들이 늘어선 곳에선 어김없이 매끈한 스카이라인을 볼 수 있다. 아파트나 맨션이라는 집들도 내가 좋아하는 베란다를 갖추고 있는데 아마도 건축법이 그렇게 규정하고 있나 보다. 건축은 침묵의 음악이라 한다. 소리는 없지만 음악처럼 우리에게 주는 메시지를 담고 있다. 한 나라의 국격은 건축에서부터 시작되지 않을까.

일본은 건축의 나라다. 세계에서 현대 건축을 리드하는 나라다. 안도 다다오는 우리에게도 익숙한 이름이다. 높은 인구 밀도, 발달한 경제, 오랜 역사와 전통, 그리고 지진과 같은 자연재해라는 요소들이 오늘날 높은 수준의 일본 건축을 만들어 냈다. 건축계의 노벨상이라는 프리츠커상도 9명이나 받았다. 판교 월든힐스 2단지를 설계한 야마모토 리켄山本理顯이 2024년 5월 9번째로 수상하였다. 그는 공적인 영역과 사적인 영역을 허물어 교류와 통합을 강조한다.

⛩
꿈에 그리던 천년 고도 교토에 가다

3월 19일, 일본 여행 이틀 차다. 교토에 갔다. 나도 해외는 많이 다녔지만 육십 평생 교토는 처음이다. 천년 고도 교토를 무덤덤하게 맞을 수 있는 사람은 아마도 없을 것 같다. 가슴이 설레었다.

초기 왜왕들은 왜 궁도를 옮겨 다녔나

헤이안쿄平安京로 불렸던 교토는 794년부터 메이지 유신의 막이 오른 1869년 초 도쿄로 천도할 때까지 천 년 이상 천황의 궁도이자 일본의 수도였다. 일본의 첫 궁도는 630년 조메이舒明왕의 궁도였던 아스카飛鳥였다. 여기서 교토로 옮겨 갈 때까지 일본의 궁도는 160여 년간 우리나라의 경기도 같은 기나이畿內라는 지역에서 아스카, 후지와라쿄(가시하라), 나라를 거쳤다. 아스카에서 조금씩 북쪽으로 올라온 셈이다.

초기 일본의 궁도는 왕이 바뀔 때마다 계속 바뀌었다. 메이지 정부에서 1876년에 발간한 《일본약사》에도 일본의 초기 왕들이 야마토 지역에서만 약 30곳의 궁도를 옮겨 다녔다고 기록하고 있다.[36] 게이타이繼體왕처럼 4개의 궁으로 옮겨 산 때도 있지만 보통은 '1왕 1궁'이었다. 이렇게 궁을 옮겨 다니는 관습은 고대로부터 출생과 죽음을 커다란 오염으로 보는 것과 연관이 있다고 한다. 즉, 출생과 죽음으로 오염된 곳을 떠나는 것이다. 이러한 '식년천궁式年遷宮' 관습으로부터 이세 신궁을 20년마다 해체하여 복원하는 전통도 생겨났다.[37]

그런데 야마토 왕들이 즉위할 때마다 궁을 새로 지어 옮겨 다닌 것이 당시 왜왕이 백제의 후왕으로 주로 본국에서 파견된 왕자였다는 사실과 관련이 있다는 견해가 있다. 이것은 천궁을 통하여 새 왕의 즉위를 야마토의 호족과 지방의 수장들에게 알리고 야마토 왕의 존재감을 보여주기 위한 것이라 한다.[38]

헤이조쿄와 헤이안쿄는 장안을 모델로 한 도시인가

교토를 다니면서 보니 천 년 전 건설된 이 도시가 흡사 현대의 신도시 같은 반듯한 구획을 하고 있어 적잖이 놀랐다. 남북으로 뻗친 주작 대로를 가운데에 놓고 북쪽에서부터 1조로 시작되는 동서 대로가 남쪽의 10조까지 펼쳐지는데 흡사 맨해튼의 거리를 보는 듯한 느낌이었다. 나라의 헤이조쿄도 마찬가지다.

《교토》를 쓴 하야시야 다쓰사부로林屋辰三郎 교토 대학 교수는 "교토가 고도라는 것은 거리 구획으로 상징된다. 이 장대한 구획을 설계하고 이를 바탕으로 도성을 건설한 정치력과 경제력은 과연 어디에서 탄생한 것일까."라고 감탄했다.[39] 이렇게 반듯한 도시 구획을 가진 도시들은 또 있다. 16세기 말 허허벌판에 새로 만들어진 에도(도쿄), 서쪽의 교토라는 야마구치, 그리고 에도 시대 초기에 뉴타운을 건설한 나고야, 그리고 19세기에 들어서 홋카이도 개척사 고문으로 온 호레이스 케프론이 기초한 삿포로가 그렇다.

일본 학계에서는 후지와라쿄는 《주례》에 따랐고, 헤이조쿄와 헤이안쿄는 중국의 장안長安을 모방하여 만든 바둑판 구획을 가진 도시라 한다. 하지만 최재석 교수는 이들 도읍이 신라의 지도하에 조영된 것으로 본다. 후지와라쿄가 조영되기 시작한 7세기 말부터 헤이안쿄의 조영이 시작된 8세기 후반까지 견당사는 단 4차례 갔지만 견신라사나 신라 사절의 일본 방문은 36차례나 이루어졌기 때문이다.[40] 아울러 후지와라쿄와 헤이조쿄는 모두 한국 자R로 조영되었고, 여기서 출토된 기와의 문양이 통일신라 시대의 기와 문양과 같고, ‘나라’라는 헤이조쿄의 이름도 한국말에서 왔다는 주장이다.[41]

교토보다 나중에 자리 잡은 서울의 도시 모습은 어떤가? 경주는 이미 5세기에 시가지를 네모난 방坊으로 구획하는 방리제坊里制를 시행했다는데, 왜 신라의 수도 건설의 노하우가 조선의 한성에는 반영되지 않았을까? 내가 약 20년 전 방문한 네팔의 카트만두는 제대로 된 신작로 하나 없이 도시 전체가 미로 같다는 느낌을 받았다. 반란을 일으키지 못하도록 대로를 만들지 않았다는 설명이 따라왔다. 조선의 한성도 그런 연유에서 도로가 막혀 있었던 건가? 지금의 태평로나 을지로같이 반듯한 도로는 1920년대 일제의 가로 정비 사업 때 만든 것이다.

1185년 겐페이 전쟁에서 승리한 미나모토 요리토모가 세이이타이쇼군征夷大將軍에 임명되면서 쇼군이 실질적인 통치자로 부상한 무사 정권이 수립되었다. 그 후 일본의 역사에서 교토를 차지한 자가 권력자라는 말이 있을 정도로 교토는 각 세력의 각축장이었다. 바로 교토의 천황을 후광으로 업어야만 권력을 유지할 수 있었기 때문이다. 그래서 가마쿠라, 무로마치 막부, 전국 시대를 거쳐 도쿠가와 막부에 이르러 정권이 안정되기 전까지 교토는 전쟁터였다. 이 과정에서 패하여 도망가는 쪽에서 전쟁 목적상 궁이나 절을 불태워 버렸기 때문에 교토의 많은 문화유산이 피해를 당하곤 했다. 특히 1467년부터 10년이나 이어진 오닌應仁의 난은 교토를 거의 새카만 폐허로 만들었다.

교토보다 오래된 절, 기요미즈데라

▲ 주차장에서 기요미즈데라로 올라가는 기요미즈자카

▲ 기요미즈데라/ 무대에 사람들이 몰려있다.

이날 오전에는 기요미즈데라清水寺를, 오후에는 아라시야마를 둘러보았다. 교토에는 2,000개소가 넘는 사찰과 신사가 있으며, 이 중 17개소는 유네스코 세계문화유산으로 등재되었다. 교토의 동쪽에 자리한 기요미즈데라는 교토로 천도하기 전인 778년에 창건되었다. 불교의 정치 개입을 끊어내기 위한 천도였지만 기요미즈데라는 천도 후 예외적으로 절터를 하사받고 사찰로 인정되었다. 정이대장군 사카노우에노 타무라마로의 에조 평정의 공을 치하하기 위한 것이라 한다.[42]

지금 본당은 도쿠가와의 3대 쇼군 이에미츠 때 지은 것이다. 2008년부터 십여 년간 대보수 공사가 있었다. 산세가 남향 건물을 짓기에 적절치 않아 땅바닥에 약

▲ 무대를 받치는 하부 구조물

5층 높이의 기둥을 세우고 그 위에 본당과 무대舞臺를 지었다. 본당 앞 약 60평의 무대는 본당의 감추어진 비불秘佛 천수관음상 개방 시 이를 감상하고 공연도 하는 공간이다. 녹물로 부식을 초래할 수 있는 못을 사용하지 않고 10m가 넘는 78본의 느티나무 기둥으로 무대를 받치는 하부 구조물을 만들었다. 가케즈쿠리懸造 양식 이라는데, 흡사 개펄에 기둥을 박아 건물을 지은 베네치아를 연상케 한다.

일본의 절에서는 평상시에 본당의 불상을 볼 수 없다. 히부쓰秘佛의 관행 때문 이다. 영험하다고 알려진 불상을 본당에 공개하지 않고 궤짝에 넣어 숨겨 두는 것 이다. 신비감을 더하기 위한 동기에서 비롯된 것일지도 모른다. 비불은 카이초開帳

라 불리는 기간에 공개하는데[43] 1년에 한두 번만 공개한다. 기요미즈데라의 비불인 천수관음상처럼 33년에 한 번만 공개하는 경우도 있다. 《사라진 일본》을 쓴 알렉스 커Alex Kerr는 이렇게 말했다.

> "일본은 온통 비밀에 사로잡혀 있다. 비밀이야말로 일본에서 전통 예술이 전수되고 보존되는 방식의 본질이다."[44]

기요미즈데라로 올라가는 기요미즈자카 비탈길은 관광객들로 인산인해였다. 4월에 개학하므로 3월까지가 여행 피크 기간이다. 그래서인지 벚꽃이 만개하려면 아직 며칠이 남았지만, 많은 일본인을 이곳에서도 볼 수 있었고, 많은 여성이 기모노를 입었다.

신불습합의 전통

일본의 절들은 신사와 결합하여 있는 경우가 많다. 신불습합神佛習合의 전통에 따른 것이다. 기요미즈데라도 본당 뒤편에 지슈진자가 있고, 오도와노다키音羽の湧를 돌아서 내려오는 길에도 개(여우처럼 생긴 '이나리'인지도 모르겠다)를 가미神로 모시는 신사를 보았다. 일본 신도神道에서 가미는 신체로서 인격신에서부터 동식물에 이르는 자연물에 이르기까지 실로 다양하다. 식물과 동물과 인간이 모두하나이다. 이런 측면에서 힌두교와도 통한다. 일본의 가미는 서양의 신God과는 다르다. 모토오리 노리나가本居宣長는, "사람만이 아니라 새와 짐승, 목초, 해산海山 등 무언가 희귀한 것으로 심상치 않은 존재이며 뛰어나고 덕이 있으며 두려운 것이다. 모든 천황이 신인 것은 물론이다."라고 가미를 정의하였다.[45]

▲ 기요미즈데라를 돌아내려 오는 길에서 만난 신불습합의 전통

　　고대부터 애니미즘이나 샤머니즘이 신교로 진화되었고 이것이 다시 일본으로 건너가 신도로 발전하였다. 신도는 다른 종교처럼 창시자나 경전이 있는 것도 아니다. 역사적으로 국가주의적 특성과 지방적, 민속적 특성이 동시에 내포되어 있다. 고대 초기 신사는 가미가 머물러 있는 곳으로 숲으로 둘러싸여 있었고, 신자들은 가까이 갈 수는 있지만 들어갈 수는 없었다. 지금과 같은 형태의 신사가 등장한 것은 681년 덴무天武 천황 때였는데, 불교의 영향을 받았다. 신교는 고대 동북아 지역의 뿌리 문화로서 인류의 시원적 종교이기도 하다. 우리 민족의 고대 제천행사도 신교의 일환이었으며, 우리나라의 많은 절에서도 사당을 볼 수 있다.

많은 일본인이 절이나 신사를 찾는다. 기요미즈데라에서도 많은 일본인을 만날 수 있었다. 우리와는 다른 '살아 있는 불교'의 모습이다. 지금 일본 불교의 주류는 정토진종이다. 일본의 마르틴 루터라는 신란親鸞이 가마쿠라 시대에 결혼을 하면서 권위주의를 부정하였고, 렌뇨蓮如는 귀족과 무사의 전유물이었던 불교를 농민으로까지 확산시켰다. 지금도 일본의 스님들은 대처승이 많고, 복장이나 두발도 자유롭다. 신불교다.

교토의 선주민은 한반도 도래인이었다

오후에 아라시야마로 넘어갔다. 기요미즈데라와는 정반대 쪽인 교토 서북쪽에 있는 곳이다. 노노미야 신사, 지쿠린 대나무 숲길을 지나서 덴류지를 둘러본 후 도게쓰교를 건너가 보았다. 가는 곳마다 화창한 봄 날씨와 어우러진 인산인해의 관광객들로 넘쳐났다.

교토는 수도가 되기 전부터 한반도 도래인들이 건너와 도시의 기초를 만든 곳이다. 지금도 교토 곳곳에 선주민이었던 도래인들의 발자취가 남아 있다. 대표적인 지역이 우즈마사太秦이다. 여기에는 622년 교토에서 처음 세워진 사찰, 고류지廣隆寺가 있다. 고류지는 하타기미데라秦公寺라는 다른 이름이 있듯이 신라계인 하타 씨 일족의 씨사氏寺였다. 신라에서 왔다는 일본의 국보 제1호 목조 미륵보살반가사유상을 소장하고 있다.

하야시야 다쓰사부로 교수는 하타 씨 일족이 수리 공사에 뛰어나 가쓰라강에 제방을 쌓아 농경을 일으켜 우즈마사를 고대 일본에서 가장 큰 생산력을 가진 지역으로 발전시켰고 양잠과 견직 기술도 보급했다고 한다.[46] 이들은 우즈마사를 중심으로 동서로 퍼져 나갔고 701년에 마쓰오松尾 신사를, 711년에는 이나리稲荷 신사를 건립하였고, 헤이안쿄 천도 이후에는 도지東寺와 함께 이나리 마쓰리를 개최하며 상업 활동으로 번영하였다.[47]

도래인이란 한국에서 바다를 건너 일본 열도로 와서 정착한 사람들과 그 후손들이다. 그들의 문화적, 기술적인 기여가 일본의 문명화를 결정적으로 촉진했다는 데는 이론의 여지가 없다. 도래인의 일본 열도 이동은 크게 3차례로 본다. 첫 번째는 기원전 첫 밀레니엄 초기에 벼농사를 짓는 사람들이 이주해 왔다. 두 번째는 기원전 4세기 무렵 청동기, 철기 문화를 갖고 왔고, 세 번째는 5~6세기에 걸쳐 유교, 불교와 함께 엘리트 장인과 관리 테크놀로지가 들어왔다. 1980년대 이후 일본 열도에서 이루어진 고고학적 발굴 조사 사업으로 이들 도래인의 초기 정착, 주거 생활이나 초기 일본 사회에 끼친 영향 등이 속속 밝혀지고 있다. 마찬가지로 지난 40여 년간 한반도 남부에서의 발굴 조사도 도래인들의 역사, 사회, 문화적인 배경에 관한 많은 정보를 제공하였다.[48]

한반도를 중국 문화의 단순한 가교나 전달자의 역할로만 보는 경향이 없지 않지만, 이러한 인식은 오류일 것이다. 3세기 후반부터 한반도에 출현한 정치체들은 중국 왕조의 단순한 확장이나 모방품이 아니라, 그 내적인 에너지나 물질적인 역동성이 문화적인 창조성과 자체 관리 능력을 입증한, 근본적으로 다른 것들이었다.[49]

아라시야마를 일주하다

아라시야마 일정의 첫 방문지는 노노미야 신사野宮神社였다. 콘크리트로 된 도리이들을 많이 봤는데 이곳의 도리이는 진귀한 흑목이다. 이곳은 이세신궁에서 봉사할 미혼의 왕녀 사이오우齋王가 1년간 몸과 마음을 닦는 곳이었다. 노노미야는 고정된 장소는 아니다. 사가嵯峨 천황 때 이곳을 노노미야로 지정했고, 그 후 사이오우 전통은 고다이고 천황 때 없어졌다고 한다. 겐지모노가타리에도 등장하는 이 신사는 좋은 인연을 맺어주고 출산을 점지한다고 해서 젊은 연인들의 방문이 끊이지 않는다. 그래서인지 이날도 이곳을 찾은 많은 남녀 젊은이를 볼 수 있었다. 지쿠린竹林의 긴 대나무 숲길을 지나 덴류지로 들어갔다.

덴류지天龍寺는 쇼군이 천황을 쫓아내고 그의 저주를 피하려고 세운 절이다. 가마쿠라 시대 말기 고다이고後醍醐 천황은 아시카가 다카우지足利尊氏 세력과 연합하여 가마쿠라 바쿠후의 호조北条 가문을 타도하고 친정 복귀에 성공하지만 3년 만에 아시카가와의 권력 다툼에서 밀려나면서 요시노 산중에서 죽었다. 이에 아시카가 천황의 저주를 피하려고 그의 원혼을 달래려 무소 소세키夢窓疎石 국사를 개산자로 덴류지를 창건하였다. 바로 일본 역사에서 두 명의 천황이 대립하는 남북조 시대가 시작된 시기다.

무소 소세키는 다카우지에게 건의하여 덴류지의 자체 무역선인 덴류지부네天龍寺船를 띄워 원나라에서 비단과 도자기를 가져와 팔아서 덴류지를 지었는데, 덴류지부네는 100명이 넘는 선원에 80톤의 화물을 실을 수 있었다.[50] 당시 중국 비단과 도자기를 일본으로 가져오면 10배 이상의 비싼 가격으로 팔 수 있었다고 한

▲ 지쿠린 / 노노미야에서 덴류지로 가는 대나무 숲길

다. 덴류지 내 수행 공간인 대방장大方丈의 앞, 뒤로 일본식 정원의 대표적인 두 가지 정원 양식을 볼 수 있었다. 바로 연못을 중심으로 자연미를 살린 치센池泉 양식의 소겐치曹源池 정원과 돌과 모래로 산수를 표현하는 가레산스이枯山水 정원이다.

▲ 덴류지 고리 / 선종 사찰에서 가장 중요한 건물이다. 목조와 흰 벽의 조화가 간소하면서도 중후한 멋을 지닌다.

▲ 덴류지 방장 앞쪽의 가레산스이 정원

▲ 덴류지 방장 뒤편의 지천식 정원 소겐치

덴류지를 나와 '겐지모노가타리'에 등장하는 도게츠교渡月橋로 갔다. 도게츠교에는 발 디딜 틈이 없을 정도로 인파가 넘쳐났고, 다리 아래 가쓰라 강가에도 많은 사람이 나와 있었다. 도게츠교는 달이 다리에 걸쳐 넘어가는 듯한 모습을 볼 수 있어서 그렇게 이름 지었다 한다. 일본 최초의 고전 소설이자 현존하는 세계 최고의 소설인 11세기 겐지모노가타리源氏物語의 주인공 남녀가 이곳에서 만났다. 내가 가본 로미오와 줄리엣의 베로나Verona 집이나 세기의 연인 단테와 베아트리체가 만났다는 피렌체의 베키오 다리가 생각나는 대목이다.

고래로부터 다리는 인간의 감성을 자극하는 힘을 갖고 있었다. 다리 건너 강 건너편은 다른 세계이며 다리를 건넌다는 것은 다른 세계로의 여정을 의미했다. 그

▲ 도계츠교

래서인지 일본의 문학 세계에서도 다리는 만남과 이별의 장소로 자주 등장한다. 우키요에 목판화에서도 볼 수 있는 홍예다리는 인간과 신의 세계를 나누는 경계였다. 산악 불교의 성지 고야산으로 가는 길목에 있는 극락교나 닛코의 신교가 바로 그것이다.

층고가 높은 일본 빌딩

아라시야마를 둘러본 후 오사카로 와서 오사카에서 최고층이라는 아베노 하루카스에 올랐다. 이 마천루는 60층에 높이가 300m다. 그러니까 비슷한 층수를 가진 한국의 63빌딩이 250m임을 볼 때 일본 빌딩의 층고가 우리보다 많이 높음을 알 수 있다. 층고는 건물의 경쟁력이기도 하다. 60층 꼭대기 전망대에서 아래를 내려다보니 오사카 평원에 펼쳐진 메트로폴리탄의 위용을 실감할 수 있었다.

▲ 아베노 하루카스 빌딩

▲ 아베노 하루카스 전망대

저녁에는 신세카이의 츠텐카쿠通天閣 거리로 나갔다. 츠텐카쿠는 하늘에 이르는 문이라는 뜻으로 에펠탑과 개선문을 모델로 삼았다. 1912년 건립 당시 64m의 동양 최고층 타워형 건물이었다.

▲ 츠텐카쿠

패키지 투어의 장점은 안락함이지만 단체 식사의 질은 기대에 못 미쳤다. 일본의 웬만한 도시에서 괜찮은 식당이라면 늘 손님이 넘친다. 그러니 굳이 외국인 단체 관광객을 받을 필요가 없다. 우리도 마찬가지겠지만 일본 사람들은 외국인 단체 관광객이 왁자지껄 한꺼번에 밀어닥치는 걸 좋아하지 않는다. 기본적으로 우리나라만큼 인구 대비 식당이 많은 곳도 없다. 인구 대비 식당이 적은 유럽이나 일본에서 식당은 비즈니스이기도 하지만 동시에 사회에 봉사한다는 측면도 없지 않다.

교토는 세계에서 다섯 손가락 안에 드는 관광지임에도 재정은 늘 적자라 한다. 교토에는 세금 내는 기업보다는 사사社寺가 많은데, 관광 수입을 다 가져가는 이들 신사나 절은 세금을 내지 않는다고 한다. 종교기관에 면세해 주는 건 일본이나 우리나 마찬가지다. "수입 있는 곳에 세금 있다."라는 원칙에서 보면 불합리한 제도다. 그래서 교토시는 관광세도 부과하고, 요즘은 아주 비싼 호텔을 짓는다고 한다. 제대로 돈 내고 관광하면 좋겠다는 게 관광 공해에 시달리는 교토시의 의중이라고 가이드가 덧붙였다.

신흥 일본의 탄생을 세계에 알린 도다이지

3월 20일, 일본 여행 3일 차다. 나라의 외경外京, 나라 공원에 자리한 도다이지東大寺에 갔다. 나라 공원 일대에는 많은 사슴이 있었다. 사슴들은 울타리도 없는 공원에서 스스럼없이 사람들에게 다가오기도 하고 먹이를 받아먹기도 한다. 그리 크지 않고 뿔도 없는 녀석들이라 친근하게 느껴졌다.

남대문과 금당(대불전)

입구에서 맞이한 남대문부터 그 스케일이 크고 시원시원하다. 13세기 초 승려 초겐重源이 개축하였다. 기둥 하나의 길이가 21m에 이른다. 현판에는 대화엄사大華嚴寺라 쓰여 있다. 도다이지는 일본 화엄종의 본산이다. 도다이지를 국가 사찰인 코쿠분지國分寺로 건립하라는 쇼무 천황의 조칙이 있기 전 그 자리에는 콘슈지金鍾寺가 있었고 여기서 신라의 심상審祥이 와서 화엄경을 강독하였다는데, 아마도 이것이 도다이지가 일본 화엄종의 본산이 된 기원일 것이다.[51] 중국에 비해 단조로

▲ 도다이지 / 쿄치鏡池에 비친 금당(대불전)

운 지붕의 처마선과 좌우 양쪽의 나한상은 한국의 그것과 닮은 듯하다.

금당이라고도 하는 대불전大佛殿은 세계 최대의 목조 건축물이다. 나는 오래전부터 일제 시대 우편엽서에 소개된 도다이지의 거대한 대불전과 대불 앞에 선 자그맣게 보이는 사람들을 보고 그 규모에 놀랐다. 은연중 언젠가는 꼭 한번 보고싶다고 생각했는데 이번 여행에서 그 순간을 맞았다. 도다이지는 천황가의 씨사氏寺로서 전국 고쿠분지의 총본산이다. 쇼무聖武 천황이 도다이지 건립을 발의하면서 "지금 고쿠분지를 건립하는 것은 국태민안을 도모하고 재난을 없애 행복에 이르고자 하는 것이다."라고 하였다.[52] 금당과 함께 대불의 완성은 신흥 일본의 탄생을 대내외에 알리는 국가적 사업이었다.

▲ 금당 현관

▲ 금당 내부

대불전은 751년 완공 후 두 차례 병화로 소실되어 1709년에 재건되었으니, 지금의 대불전은 3세대 건물이다. 건물의 가로, 세로가 57.01m, 50.48m이고, 높이가 48.74m로서, 가로 길이가 애초 대불전보다 30% 정도 짧아져서 거의 정육면체에 가까운 형상을 갖게 되었다. 약 2,000톤에 달하는 지붕도 조금씩 내려앉아 왔기에 그 무게도 12%를 줄였다는데, 육중한 지붕을 받치고 있는 천 년도 더 지난 당시의 건축술이 대단하다는 생각이 든다. 대불전 안에 비치된 8세기 창건 당시 도다이지의 모형을 보면 대불전 양옆으로 지금은 없어진 100m가 넘는 두 탑이 있었다. 나라 시대 가람 배치는 이미 금당을 중심으로 바뀌어 있음을 보여준다.

에도 시대 도다이지를 중건하면서 일본 특유의 가라하후唐破風 건축 기법으로 금당 중앙을 사무라이 투구를 본떠 둥근 모양으로 개조했다. 남대문이나 대불전 내부의 천장 목구조가 웅장하면서도 정교해 보인다. 나무가 직각으로 교차할 때 나무의 양쪽에 구멍을 뚫어 서로 맞물리게 하는 와타리아고 기법을 사용했다. 이 기법은 6세기 불교가 전래될 때 일본에 들어왔고, 607년 호류지에서 이 기법을 최초로 사용했다는 것이 정설이다. 그런데 1997년 도야마현 오야베시의 사쿠라마치櫻町라는 4,000년 전 조몬 유적에서 와타리아고의 흔적을 보여주는 목재가 나왔다. 와타리아고 기법의 도입 추정 연대가 4,600년이나 앞당겨졌다.[53]

일본의 지붕선은 크게 굴곡진 중국의 지붕선과는 대조적으로 처마의 양 끝을 제외하면 직선이다. 지붕은 높고 가파르며 굴곡이 절제되어 있으며 처마가 깊다. 아마도 눈, 비가 많이 내리는 일본의 기후 특성 때문일 것이다. 살짝만 휘어진, 절제미가 돋보이는, 직선이자 동시에 곡선인 일본의 소리反リ다. 칼이나 심지어는 석벽도 살짝 휘어져 있다.

태양처럼 세상을 비추는 비로자나불상, 대불

금당에 안치된 대불은 태양처럼 세계를 비춘다는 비로자나불상이다. 높이 15m의 세계 최대의 구리 주조 불상이다. 대불전 완공 2년 전인 749년에 조성되었고, 3년간 8번의 시도 끝에 백제인 기술자를 불러 완성할 수 있었다. 대불을 먼저 만들고 나서 그 집인 대불전을 만들었다. 그 반대의 순서라면 거대한 불상을 집 안으로 들여다 놓지 못했을 것이다. 중국 대륙에서도 5~7세기에 걸쳐 대동운강석굴이나 둔황의 거대한 불상이 조성되었지만, 도다이지 대불 같은 청동 주조상은 아니다.

도다이지 대불은 749년 조성 후에도 부족한 황금을 수집하여 금도금을 계속하여 752년 불상의 눈을 그려 혼을 집어넣는 의식, 즉 개안 공양하였는데, 신라에서 700명의 대규모 사절을 파견하였고, 당, 발해, 인도에서까지 축하 사절이 왔다. 건립의 조가 내려진 이후 광배가 완성되어 완전히 작업이 마무리될 때까지 소요된 기간이 30여 년, 매일 200명 이상이 대불 조성 작업에 매달렸다. 마치 수백 년에 걸쳐 점차 완공해 가는 유럽의 중세 대성당을 연상케 한다. 당시 어려운 상황에서도 대불을 조성하였던 일본인들의 노력과 의기는 놀라운 일이 아닐 수 없다.[54]

대불의 주조를 기념하여 당시 쇼무 천황은 연호를 덴표天平에서 덴표간포天平感寶로 바꾸었는데, 간포는 "보물(대불)을 느낀다, 인지한다."라는 정도의 의미다. 동일한 천황의 치세에서 연호를 바꾸는 건 관례가 아니다. 그만큼 이 대불에 거는

▲ 대불(비로자나불), 752년 덴표 시대에 완성되었지만 여러 차례 훼손되어 가마쿠라 시대에 복원되었고, 머리 부분은 도쿠가와 시대에 복원되었다. 연잎 좌대에 부조된 불상만이 덴표 시대 원형을 간직하고 있다.

기대는 전 국가적이었다. 조성이 완료된 후 파손된 손 부분은 16세기 후반 모모야마 시대에, 머리 부분은 17세기 에도 시대에 다시 만들었다.

그런데 에도 시대에 만들어진 까만색 대불의 표정은 내가 보기엔 친근하거나

온화한 모습의 한국 불상과는 다른 모습이다. 당나라 불상이나 군위 석굴암 본존 불과 그 양식이 비슷하다고 하는데 존 카터 코벨 여사는 후세에 개작된 이 대불의 복원된 얼굴이 흉물스럽고 섬뜩하기까지 하다고 혹평했다. 다만, 좌대의 연잎 위 에 새겨진 섬세한 불상들만이 애초 조성된 원형이 남아 있어 금속 주조에 뛰어난 한국인들의 솜씨를 알아볼 수 있다고 했다.[55]

모리셔스 총독을 지낸 영국의 후버트 저닝험Hurbert Jerningham 경은 일본 여행 중 1906년 3월에 도다이지 대불을 보고 단상을 남겼다.

> "나는 왜 일본인들이 이런 대불을 만들었는지 만족스러운 답을 구할 수 없다. 부처가 범 인보다 큰 덕을 쌓은 건 맞지만 그렇다고 해서 그것이 꼭 엄청나게 큰 대불을 만들어야 하는 이유가 되지는 않을 것이다. 그럼에도 천 년 전으로 거슬러 올라가는 일본인들의 금속을 다루는 기술은 세계 어느 곳과도 비교할 수 없이 우수한 것이다."[56]

도다이지 대불전은 바깥에서는 이층으로 보이지만 내부는 한 공간, 즉 중층이 라는 구조다. 우리 경복궁이나 공주 마곡사 본당, 그리고 중국의 자금성의 정전인 태화당이 이와 같은 구조다.

대불당을 나와 왼쪽으로 올라가면 입구부터 석등이 나란히 늘어선 부속 건물 인 니가추二月堂와 호케도法華堂를 볼 수 있다. 호케도는 2동의 건물이 연결된 구조 다. 왼쪽의 정당正堂은 대불당 건립 전 콘슈지의 유구로서 도다이지 건물 중에서 가장 오래되었다. 도다이지의 초대 주지였던 로벤良弁이 안치했다는 비불인 집금

▲ 도다이지 호케도(법화당, 삼월당). 좌측이 정당正堂, 우측이 예당禮堂

▲ 도다이지 니가추(이월당)

강신상執金剛神像이 있다. 오른쪽의 예당은 신자들이 예배드리는 공간으로서 가마쿠라 시대에 개축되었다.

도다이지와 한반도 도래인

도다이지 대불전과 대불의 조성 과정에서 도래인의 영향이 컸다. 대불의 조성 책임자는 백제인의 후손인 대불사 직위를 가진 구니나카노기미마로國中公麻呂였다. 그의 조부는 백제의 멸망 직후인 663년 일본으로 건너왔다고 한다. 백제 의자왕의 4대손인 경복敬福은 대불의 동상 완성 후 표면에 칠할 황금이 부족하자 금을 바쳐서 대불의 도금을 완성했다. 백제 왕인박사의 후손이라는 교기行基 스님은 쇼무 천황으로부터 대승정으로 임명받고 대불의 조성 자금을 모집하는 권진勸進 역할을 맡았다.[57] 당시는 국가불교의 시대였던 만큼 쇼무 천황이 민간불교에 앞장섰던 교기 스님과 합작한 것은 비로소 국가불교 속에 민간신앙을 포용하고자 하는 의도를 보여주는 것으로 의미가 크다.[58] 백제계 도래인인 로벤良弁은 개산자이자 초대 주지가 되었다. 이렇게 본다면 도다이지와 한반도 도래인을 떼어놓고 생각할 수 없을 정도다.

백 년 전 일본의 문화재 안내서는 한국의 가르침을 드러내었다

그런데 영국의 후버트 저닝험 경은 1906년 3월에 쓴 자신의 기행문에서 흥미로운 이야기를 하고 있다. 즉,

"일본의 안내서를 보면 예술품 중 주목을 끌 만한 것은 모두 그 우수성이 한국 승려들의 가르침에 있음을 강조하면서, 일본인들의 독창성은 거부한다. 그런데 이것은 매우

불공평하다. 적어도 청동 제조술만큼은 일본인들의 독창성을 인정해야 한다. 벌거벗은 사실에 옷을 입히는 작업이야말로 최초로 그 사실을 발견하는 것에 못지않은 독창성을 갖는다. 특히 가마쿠라 대불은 인간이면서도 초인간이며, 신이면서도 신이 아니며, 단순하면서도 정교하고, 여유로우면서도 활기차다. 그리스인도, 로마인도, 독일인도, 이탈리아인도 해내지 못한 독보적인 금속 제작술이다.[59]

여기서 우리가 역설적으로 알 수 있는 것은 저닝험 경이 일본을 여행했던, 20세기 초까지, 그러니까 아마도 한일합방 이전까지는 한국이 일본 예술과 건축에 끼친 영향을 일본인 스스로도 인정하고 그것을 스스럼없이 드러내었다는 사실이다.

20세기 초 세계적인 베스트셀러 《부시도武士道》를 쓴 니토베 이나조도 대륙 문화가 일본에 전달되는 과정에서 한국이 수행한 역할에 높은 경의를 표했다. 그는 대륙 문화가 일본에 건너오기 전 적지 않은 단계에서 한국에서 '수정modification'이 이루어졌고 그 영향으로 일본의 행정과 예술 분야에 많은 한국말 전문 용어가 남아 있다고 했다. 그는 동아시아 역사에서 한국의 존재를 초기 유럽 문명에서 크레타Crete와 상응한 것으로 평가하였다.[60]

도요토미 가문의 영욕을 함께한 오사카성

▲ 오사카성 천수각

3월 20일 오전에 나라에서 도다이지를 보고 오후에 바로 오사카성으로 갔다. 사쿠라몬을 지나 천수각天守閣으로 들어갔다. 지금 오사카성의 자리에는 원래 잇코슈一向宗의 거점이었던 이시야마 혼간지라는 큰 절이 있었지만 1580년 오다 노부나가가 10년간의 싸움 끝에 이곳 이시야마 전투에서 잇코슈 세력을 몰아내었고, 3년 후 그의 뒤를 이은 도요토미 히데요시가 이 자리에 성을 축성하였다.

일본 통일의 아성이자, 도요토미 가문이 멸문된 오사카성

도요토미 히데요시는 두 겹의 해자를 갖추고 가파르고 높은 성벽을 쌓아 난공불락의 성을 만든 후 이곳을 일본 통일 원정의 아성으로 삼았다. 외부 해자는 폭

▲ 오사카성의 해자

이 75m, 수심이 6m의 물길이 동서남북으로 각각 1km에 달한다. 성의 본채인 천수각은 세를 과시할 목적으로 교토의 황궁보다 더 크게 짓고 기와에 금박을 입혔다. 하지만 이 성은 결국 도요토미가의 영욕을 고스란히 간직한 곳이 되었다. 히데요시는 이곳에서 일본 국내를 통일하고 임진왜란까지 일으켰지만, 그의 사후에는 아들인 히데요리가 1615년 이곳에서 벌어진 여름 전투에서 도쿠가와 측에 패한 후 자결하여 멸문하게 되었다. 히데요시의 부인이자 히데요리의 모친인 요도도노도 이곳에서 함께 자결하였다.

도요토미 가문의 멸문을 두고 세간에 말이 많았다. 도요토미 히데요시가 1591년에 첫아들 쓰루마쓰가 죽자, 조카인 히데쓰구를 후계자로 지목하였지만, 1593년 히데요리가 태어나자 히데요리의 후계 구도를 만들기 위해 1595년 히데쓰구를 제거했다. 그의 어린 아들을 포함한 전 가족을 몰살시켰다. 야마오카 소하치의 소설《도쿠가와 이에야스》를 보면 그의 아들이 무사들의 경호를 받으며 사형이 집행될 언덕으로 가면서도 끝까지 장난으로 알고 놀아서 주위 사람들을 숙연하게 했다는 대목이 나온다.

히데요시를 키워준 오다 노부나가의 두 아들도 히데요시와의 전투에 패하여 할복하거나 오와리 영지를 고수하려다 유배를 당하는 등 푸대접을 받았다. 히데요시 가문의 맥이 끊긴 것을 이런 히데요시의 도를 넘는 행태와 연관 짓기도 한다. 어쨌거나 히데요시는 조선을 두 번이나 침략하여 당시 조선 인구의 10분의 1에 달하는 백만 명 이상을 죽이고 그들의 코와 귀로 산 같은 무덤을 만든 잔인한 전쟁 범죄자였다.

일본 통일의 마지막 승자가 된 도쿠가와 가문의 2대 히데타다는 1620년 도요토미의 천수각을 해체, 땅에 묻어 버리고 그 옆자리에 더 높은 천수각을 새로 지었다. 도쿠가와의 천수각은 8층에 58m이며, 도요토미의 천수각보다 19m를 더 높였다. 해자 쪽 방벽도 24m로 높였는데, 이 방벽은 수직이 아니라 위로 올라가면서 안쪽으로 기울어진 설계로 그 견고함을 더하여 400년이 지난 지금도 건재하고 있다.

실용적인 일본인들이라지만 경쟁자가 미운 건 어쩔 수 없나 보다. 멀쩡한 성을 없애고 새로 짓다니 말이다. 김영삼 대통령이 총독부 청사였던 중앙청을 없애버린 것도 이런 차원에서 이해해야 할는지, 그래도 도쿠가와는 똑같은 성을 새로 지었다. 문화재의 완벽한 전승을 위하여 20년마다 새로 짓는 이세 신궁의 식년천궁 전통에서 보듯이 일본에서 역사의 자취를 흔적도 없이 지워버린다는 건 상상할 수 없다. 사실 이 지구상에서 탈레반을 제외한다면 그 어떤 나라도 그러지 않을 것이다. 김영삼 대통령이 지워버린 중앙청에서 우리는 해방을 맞았고 제헌국회를 소집하여 헌법도 만들었다. 6.25 전쟁 때는 서울 수복을 알리는 태극기도 올렸다. 함석헌 선생은 우리 민족이 문화를 파괴하는 버릇이 많다고 했다. 한번 판국이 바뀌면 전에 것은 싹 없애버리려는 버릇이 있다는 것이다. 그러면서 문화는 나와 다르더라도, 비록 원수의 것일지라도 보존하는 데서 인류문명이 발전한다고 했다.[61] 아쉬운 대목이다.

성 내부에 전시된 축성용 거석 운반도를 보면 바위의 채굴, 절단부터 해안으로 옮겨서 선적 후 해상, 육상으로 운반하는 지난한 과정을 알 수 있다. '슈라'라는 특

▲ 오사카성 다코이시(문어돌)

수 목재 운반용 썰매가 사용되었다. 축성은 전국의 다이묘들을 동원하여 그들의 힘을 소모케 하여 통일 막부의 세력을 결집하는 방편으로 활용하였다. 중앙집권 국가로서 지방 세력을 견제할 필요가 없는 조선도 한양도성 축성 시 지방의 관민을 차출하여 한 구역씩 맡긴 걸 보더라도 성을 짓는다는 게 당시로서는 엄청난 공사였다.

축성에 사용된 큰 돌 중 가장 큰 것이 다코이시(문어) 돌인데 돌 하나에 130톤에 이른다. 1620년 오사카성 재건 시 오사카 서쪽 약 200km 떨어진 이누지마섬

▲ 오사카성 천수각에서 내려다본 오사카 시내

에서 가져왔다. 성벽의 돌 사이로 손가락 하나 들어갈 빈틈도 없다. 기리코미하기
切込み接ぎ 방식이라는데, 이런 정교함이 그 내구성보다는 심미안을 충족하기 위한
것이라 한다.[62] 하지만 분명 내구성도 더 좋을 것이다. 내가 본 이집트의 기자 피
라미드의 돌들과도 견줄 만하다. 천수각은 몇 차례의 낙뢰로 소실되기도 했고 보
신 전쟁 때도 화재 피해를 입었다. 이후 1930년대에 콘크리트를 사용하여 복원하
였지만, 제2차 세계대전 시 미군의 폭격을 받아 파괴되었고 전후에 재보수하였다.
그러니까 지금의 것은 3대 천수각이다.

용마루의 금색 샤치가와라鯱瓦는 머리는 호랑이, 몸통과 꼬리는 물고기인 상상의 동물 형상을 한 기와로서 화재 시 물을 뿜어 불을 끈다고 한다. 금색의 샤치가와라는 히데요시를, 흰색 건물 외관은 도쿠가와 가문을 나타낸다. 일본의 봉건세력들은 각 가문의 문장과 상징색이 있다. 에도 시대에 술, 간장 등의 액체를 수송하는 데 항아리가 아닌 나무통을 사용한 나라는 동아시아에서 일본이 유일했다고 한다. 술통과 문장이 일본과 유럽의 특징이라는데,[63] 일본은 서양과 상통하는 게 많다. 천수각으로 들어가는 입구인 사쿠라몬 인근에는 3월 말부터 벚꽃이 만개한다. 하지만 지금은 방문 시기가 일주일 정도 빨라 만개한 벚꽃의 풍경은 볼 수 없었다. 8층 전망대에서는 오사카 시내를 내려다볼 수 있었다.

침략인가, 출병인가?

▲ 도요토미 히데요시

도요토미 히데요시 조각상을 보니 꽤 희멀 겋게 생겼다. 임진왜란 전 일본에 가서 히데요시를 만나고 돌아온 선조의 사신 황윤길과 김성일의 관찰, 보고는 달랐다. 황윤길은 "히데요시의 눈에 정기가 쏘이는 것이 반드시 조선에 출병을 하고야 말 것입니다."라고 했지만, 김성일은 "히데요시의 눈이 쥐눈 같아 큰 뜻이 없는 인물이올시다."라고 했다. 결과적으로 황윤길이 맞았지만, 당시 조정의 권력 향배에 따라 동인 김성일의 말에 무게가 더해 졌다. 선조는 이렇게 말했다, "일본이 명나라를 친다 함은 가재가 바다를 건너려

하고, 벌이 거북의 등을 쏘려 하는 셈이다."[64]

히데요시는 직계든 방계든 황공족들이었던 역대 쇼군들과 달리 유일하게 평민 출신이었다. 그래서 천황으로부터 쇼군 칭호를 받지 못했고, 대신 관백이나 태정 대신이라는 타이틀을 스스로 달았다. 마침 천수각에서 히데요시 특별전이 열리고 있었다. 그는 히젠 나고야성에 대륙 정복을 위한 군사기지를 만들고 16만 대군을 결집시켜 조선 침략을 실행하였다. 그럼에도 이 특별전에서는 임진왜란을 두고, 침략이란 말 대신 이를 미화한 출병出兵이란 용어를 사용하고 있었다. 히데요시는 필리핀, 타이완, 오키나와 류큐 왕국에도 사신을 보내 복속을 요구했다. 이것은 중국을 중심으로 하는 대륙 세력에 대하여 일본이라는 해양 세력의 첫 도전이었다.

임진왜란은 일본이 조선의 도공들을 끌고 갔기에 도자기전쟁이라고도 한다. 심수관이니, 이삼평이니 하는 조선의 도공들은 기술직을 천시하는 조선보다 일본에서 더 대우받았고 이들이 정착한 마을을 몇백 년간 먹여 살렸다. 조선의 도자기보다 도공을 끌고 간 일본인들의 꾀가 돋보인다고나 해야 할까. 이건 물고기보다 물고기 잡는 법을 가르치라는 원조 사업의 원리와 똑같다. 한편 일본은 전쟁하면서 조선 사람들을 끌고 가서 포르투갈 상인들에게 노예로 팔았다.

▲ 천수각에서 전시 중인 임진왜란 게시물

이때 끌려간 조선인들은 10만여 명에 달했는데 대부분이 전쟁 포로가 아니라 노동력을 착취하거나 팔기 위한 경제적 목적을 위한 노예였다.

일본의 만행을 비판한 프로이센 대사

19세기 말 프로이센의 외교관으로서 아시아 전문가였던 막시밀리안 폰 브란트 M. von Brandt 대사는 그의 저서 《동아시아 제 문제》에서 일본의 노예시장에 조선인 노예가 넘쳐났다면서, 교토에 남아 있는 조선 사람들의 귀무덤과 함께 이것을 '7년 전쟁'의 유일한 성과라고 혹평하였다. 아울러 정유재란 시 궁지에 몰린 왜군이 퇴각 경로에 있던 모든 도시와 마을을 불태우고 한때 일본에 문명을 전해 주었던 한국의 사찰들과 학교들을 잿더미로 만들었다면서 특히 한국인들의 긍지이며 성도聖都로 여겨졌던 신라의 고도 경주를 약탈하고 잿더미로 만든 것은 한국인들의 비통한 증오를 불러일으켰다고 썼다.[65]

1592년부터 시작된 임진왜란, 정유재란의 '7년 전쟁'은 조선인들을 엄청나게 살육한 잔인한 전쟁이었다. 적이 항복하지 않으면 전부 죽여도 좋다는 당시 일본의 전쟁 관습을 조선인들에게 고스란히 적용하였다. 히데요시는 첫 전쟁(임진왜란)에서 뜻대로 되지 않자 두 번째 전쟁(정유재란)을 일으켰고 한반도 남부라도 차지하려는 자신의 의도가 좌절된 데 대한 보복으로 남부 점령지의 조선인들을 무차별 학살하였다. 히데요시를 기리는 교토의 토요쿠니豊國 신사와 그의 원찰인 다이부쓰지大佛寺 인근에는 조선인 귀무덤 미미즈카耳塚가 있다. 히데요시의 명에 따라 일본 병사들이 조선인의 귀와 코를 잘라 소금에 절여 일본으로 보낸 것을 묻은 곳이다.

폰 브란트 대사는 일본의 사료를 근거로 그 정확한 숫자를 "185,738명의 조선인과 29,014명의 중국인의 귀와 코"라고 쓰고 있다.[66] 이렇게 히데요시는 조선의 원수가 되었다. 히데요시가 조선을 침략한 명분 중 하나는 13세기 몽골과 함께 일본을 침공한 고려에 대한 복수였다. 당시 여몽 군사는 쓰시마섬과 이키섬 등지에 상륙하여 주민들에 대한 무자비한 살육을 자행했다고 한다. 하지만 일본이 세계 제국이 된 몽골의 압박에서 벗어날 수 있었던 것은 고려가 40년간 몽골에 항거한 덕택임을 일본 중세 연구자인 아미노 요시히코網野善彦가 밝히고 있다.[67]

오사카성을 보고 난 후 시내로 들어오면서 기타하마 카페 거리 찻집에서 차를 마셨다. 저녁 무렵에는 네온사인이 꺼지지 않는다는 오사카 밤 문화의 중심지라

▲ 오사카 도톤보리

는 도톤보리道頓堀를 찾았다. 도요토미 히데요시에게 받은 토지를 개발하려고 운하를 파기 시작한 야스이 도톤의 이름을 따왔다. 파리 센강의 바토무슈와 같은 유람선을 타고 운하를 오르내렸다. 글리코맨 전광판 앞에서 양팔을 들어 올리고 나 자신 글리코맨이 되어 보았다. 그리고 도톤보리에서 신사이바시 쪽 아케이드 상가로 걸어갔다. 에비스바시에서부터 신사이바시 쪽으로 끝없이 이어지는 아케이드 상가에는 사람의 물결로 발 디딜 틈이 없었다. 돈키호테 슈퍼에는 소문대로 한국인 관광객이 압도적으로 많았다.

▲ 도톤보리와 신사이바시를 연결하는 아케이드 상가에 인파가 넘친다.

신칸센은 고속철의 세계 챔피언이다

3월 21일, 일본 여행 4일 차다. 오늘 아침 일찍 아내는 패키지여행팀과 함께 귀국길에 올랐고, 나는 도쿄로 출발했다. 이제부터는 나 혼자만의 자유여행이다. 나는 비행기는 일등석을 못 타지만 기차는 가급적일등석을 탄다. 가성비가 좋기 때문이다.

▲ 내가 구입한 2주짜리 JAPAN 레일 패스

이번에도 2주짜리 JR 패스를 사면서 그린석을 끊었다. 그린석은 한 줄에 4개 좌석이, 이등석은 5개 좌석이 들어간다. 우리 KTX나 독일의 ICE보다 차량wagon 내부의 폭이 더 넓어 보였는데, 철로는 1,435mm의 표준궤로 마찬가지다.

이번 여행에서 탄 첫 신칸센은 신오사카에서 도쿄로 가는 도카이도선 히카리였다. 신칸센은 정차역의 과다에 따라 노조미, 히카리, 고다마 3개 등급이 있다. 도쿄에서 신오사카까지 초특급 노조미는 시나가와, 신요코하마, 나고야, 교토에만 정차하고, 특급 히카리는 노조미보다 조금 더 많은 역에서 정차하고, 완행 고다마는 모든 역에 정차한다.

효율적이면서도 친절한 신칸센의 세계를 체험하다

신오사카역으로 가서 역무원으로부터 한국에서 사 온 JR 패스 교환권을 주고 JR 패스를 받았다. 이 패스로 오늘부터 이 주간 신칸센을 포함, 모든 일본철도Japan Rail를 탈 수 있다. 그런데 분실하면 복구할 방법이 없다. 잘 갖고 다녀야 한다. 좌석을 예약하는데, 역무원이 내 짐가방을 보여달란다. 왜 짐가방까지 보여달라는 건지 영문을 몰랐는데, 기차를 타고 나서 보니 내 짐가방을 선반에 올릴 수 없는 게 아닌가. 결국 내가 앉은 자리 앞에 놓고 겨우 앉아 가는데, 몇 정거장을 가도 내 옆자리에는 사람이 타질 않았고 그제야 내 옆자리를 비워두었다는 걸 알 수 있었다. 역무원은 내 짐가방의 크기를 보려고 했던 것이다. 사려 깊은 역무원의 배려로 좌석 2개를 차지하고 편하게 올 수 있었다. 번역기를 가운데 놓고 대화를 나눈 JR 직원의 넘침도, 모자람도 없는 업무 자세가 쿨하게 느껴졌다.

신오사카역에서 8시 48분 출발한 열차가 도쿄역에 11시 42분에 도착했다. 515.4km를 오는 데 채 3시간이 안 걸렸다(나는 반년 후 캘리포니아에서 여행하면서 암트랙을 탔는데, 샌프란시스코에서 산타바바라까지 약 700km 거리를 9시간 반이나 걸려 도착했다). 이 구간의 편도 승차 운임은 14만 원 정도다.

신칸센은 차량 기술상 모든 차축에 동력을 공급하는 동력 분산 방식을 채용하여 가감속 성능이 뛰어나다. 그래서 고속으로 달리면서도 많은 역에 정차할 수 있다. 기관차에만 동력을 집중하는 방식을 채택한 독일의 ICE나 프랑스의 TGV(한국의 KTX도 같은 방식)와는 다른 점이다. 실제로 신칸센은 8개 노선, 총연장 2,830km에 모두 114개의 정차역이 있다. 노선 대비 정차역이 가장 많은 고속철이다.

▲ 이번 여행에서 마지막으로 탄 신칸센

내가 이번에 타보니 커브 구간을 달릴 때 안쪽이 내려가고 바깥쪽이 올라가는 걸 확실하게 알 수 있었다. 그렇게 해야 커브 구간에서도 속력을 낼 수 있다. KTX에서는 느끼지 못한 것이다. 신칸센의 승차감은 벤츠 S 클래스 같은 대형차를 탄 느낌이랄까, 달그락거리는 KTX는 물론이고, 독일의 ICE보다도 묵직한 중량감이 느껴졌다. 한창 속력을 낼 때는 시속 300km를 넘나드는데 무서울 정도다.

신칸센은 1964년 세계 최초로 고속철의 개념을 도입, 운영한 이래 단 한 건의 사상 사고도 없었고, 연발착도 없다고 한다. 배차 간격이 생각보다 촘촘해서 출퇴근 시간대에는 거의 4~5분 간격으로 운행하므로 좌석 예약을 하지 않고 자유석을 이용하는 승객이라면 언제든 역에 가면 바로 승차할 수 있다. 그런 가운데 고도의 정시성과 안전성을 유지한다니 실로 놀랍다.

일본은 시속 514km까지 달릴 수 있는 자기부상열차 야마나시 마글레브를 개발, 시험 운행 중이다. 1km를 7초 만에 주파할 수 있는 속도다. 야마나시 쓰루都留

시에 42.2km의 시험 운행 트랙을 갖고 있고 2027년 상업 운행을 목표로 하고 있다.[68] 고속철의 세계 챔피언 일본의 위상은 미래에도 흔들리지 않을 것 같다.

일본은 청결의 세계 챔피언이다. 객차 내에서 커피를 팔던 여승무원이 다시 와서 커다란 비닐봉지를 들고 다니며 승객들의 쓰레기를 거둬 갔다. 하기야 암트랙 승무원들은 열차 내 쓰레기통을 치우고 화장실까지 청소한다. 일본에는 에도 시대부터 가도와 역참이 정비되면서 여행 문화가 발전하기 시작했다. 도쿠가와 막부가 시행한 참근교대제의 역할이 컸다. 당시 영주나 귀족만 여행한 건 아니었다. 서민도, 개도 여행에 나섰다. 당시 짓펜샤 잇쿠+返舎一九가 쓴《도카이도 도보여행기》가 큰 인기를 끌었다고 한다. 에도 시대 이후의 이러한 여행 전통은 오늘날 신칸센에도 살아 숨 쉬는 듯하다.

도쿄역에 도착한 후 JR 전철로 도쿄돔 인근의 숙소로 왔다. 도쿄역에서 JR 야마노테선山手線을 타고 두 정거장 만에 JR 쥬오선中央線으로 갈아타고 다시 한 정거장 와서 수이도바시水道橋역에서 내렸다. 도쿄돔이 인근에 있고 진보초에서도 멀지 않은 곳이다. JR 패스로 도쿄 시내 JR이 운영하는 전철도 탈 수 있다.

세계에서 제일 높은 방송송신탑, 스카이트리

숙소 체크인 후 바로 나와 제일 먼저 찾아간 곳이 도쿄 스카이트리다. 2012년 세워진 일본의 과학 건축 기술이 농축된 세계에서 제일 높은 방송송신탑이다. 634m인데 하늘로 힘차게 뻗어 있는 쇠기둥을 보면서 그 위용을 실감했다. 맑은 날에는 여기서 후지산이 보인다. 마침 오늘이 3월 21일 춘분이다. 일본의 공휴일

▲ 스카이트리

이다. 날씨가 매우 흐렸는데도 인산인해였다. 표 사는 데만 40~50분이 걸렸던 것
같다. 1차로 350m 천망天望 데크, 2차로 천망 회랑까지 두 번으로 나누어 엘리베
이터를 탔다. 발아래로 스미다강이 내려다보였고 광활한 도쿄 시내가 눈 아래 펼
쳐졌다.

7세기 초 고찰 센소지

스카이트리에서 내려와 센소지淺草寺로 갔다. 센소지는 아스카 시대였던 628년 수이코推古 여왕 당시 창건되었다. 도쿄에서 가장 오래된 절이다. 백제에서 일본에 불교를 전래한 후 6세기 중에 아스카데라와 시텐노지가 세워졌고 7세기에 들어서면서 호류지가 창건되었다. 그 시기에 간토 지방에 벌써 센소지가 세워져 불교의 확산이 전국적으로 이루어졌음을 보여준다.

▲ 센소지

▲ 나카미세 노포 거리

가미나리몬風雷神門부터 센소지로 가는 나카미세仲見世 거리의 노포에선 다양한 선물용 잡화나 핑거 푸드를 팔았다. 일본 사람들이 모방적이라 하지만 사실은 매우 창의적인 사람들이다. 내가 사 먹은 오차와 팥 과자, 조그만 생선을 통째로 튀긴 것들은 길거리에서도 손쉽게 먹을 수 있도록 만든 것이었다. 맛도 좋았지만 간편하게 먹을 수 있도록 한 작은 아이디어와 배려가 돋보였다.

니혼바시 vs 닛폰바시

▲ 니혼바시

밤에 찾아간 니혼바시日本橋 인근 지역은 조명이 밝지 않았지만 고풍스러운 멋을 은은하게 풍기고 있었다. 니혼바시는 1603년에 만들어졌는데 도쿠가와 이에야스가 세키가하라 전투에서 이긴 후 일본의 통일을 완성해 가던 시기다. 그동안 화재로 여러 번 소실되어 지금의 다리는 1911년에 돌로 만들어진 아치형 다리인데 20번째 다리라고 한다. 오사카 도톤보리에도 '일본교日本橋'가 있는데 이건 니혼바시가 아니라 닛폰바시라고 발음한다. 《천황은 백제어로 말한다》의 저자 김용운 박사는 도쿄어는 신라어, 교토어는 백제어와 통한다고 한다. 도쿄 등 관동지방에는 경상도나 함경도 말처럼 탁음이 많고, 교토를 중심으로 하는 기나이 지방에는 충청도 말처럼 유음이 많다는 것이다. 그리고 한국의 고어는 지금의 한국어보다 일본어에 가깝다고 한다.[69]

니혼바시는 도쿄의 도로 원점이다. "도쿄까지 몇 km 거리다."라고 할 때 그 거리는 바로 니혼바시까지의 거리를 말한다. 서울의 원점은 광화문이다. 도쿠가와 이에야스가 도요토미 히데요시의 명에 따라 자신의 영지를 포기하고 1590년 에도에 왔을 때 에도는 갈대밭뿐인 한촌에 불과했다. 그러다가 니혼바시가 지어졌고, 에도는 전국에서 몰려드는 상인과 무사들로 번창하기 시작했다. "니혼바시의 노동자 수천이 끄는 짐차의 울려 퍼지는 소리로 알고 듣는다."라는 표현이 있을

정도로 니혼바시 일대는 상인과 수공업자가 집중적으로 거주했던 지역이었다. 이
분주했던 니혼바시에도 1853년 7월 페리 제독이 흑선을 이끌고 나타나 무력시위
를 할 즈음에는 사람이 없어졌다고 한다. 에도는 18세기에 이미 인구가 100만 명
을 넘어섰고, 활발한 상거래와 풍성한 예술공연이 펼쳐지던 메트로폴리탄이었다.

지금도 니혼바시 일대는 상업과 금융의 중심지로 번창하고 있다. 인근 주오도
리中央通 거리에는 유명 백화점과 대형 상업시설들이 모여 있다. 일본 최초의 백화
점인 니혼바시 미쓰코시 본점과 니혼바시 다카시야마 백화점 건물이 특히 아름다
웠다. 빌딩가를 걸으면서도 센소지나 니혼바시 같은 유서 깊은 사찰과 건축물들
을 볼 수 있는 도쿄가 첫날부터 마음에 끌렸다.

⛩

하루 종일 도쿄 시내를 발로 누볐다

3월 22일, 일본 여행 5일 차다. 아침에 호텔을 나와서 진보초 책방 거리를 거쳐 야스쿠니 신사까지 걸어갔다. 야스쿠니 신사와 부속 박물관인 유슈칸을 천천히 둘러보고 나와서 기타노마루 공원과 천황궁인 고쿄皇居를 둘러싼 해자를 끼고서 걸었다. 국립극장, 최고재판소, 국회의사당을 지나 고쿄 정문 쪽으로 내려왔다. 마침 활짝 핀 벚꽃이 화사한 분위기를 연출했다. 거리는 벚꽃놀이를 나온 사람들로 붐볐다. 사쿠라다몬櫻田門 게이트로 들어가 고쿄가이엔皇居外園을 거쳐 사카시타몬坂下門 게이트 앞까지 갔다가 마루노우치 빌딩가를 가로질러 도쿄역에서 JR 전철을 타고 숙소로 돌아오니 5시간 반 정도가 걸렸다. 지도를 보니 고쿄 주위 둘레길 4분의 3 정도를 온전히 도보로 걸어서 돈 셈이었다.

중고 책방이 몰려 있는 진보초神保町 거리는, 고서의 내음이 짙게 밴 연륜이 쌓인 고서점 책방을 연상했던 탓인지 생각보다는 덜 매력적으로 보였다. 하지만 길거리에 내놓은 책들의 면면을 보면서 역시 일본이 독서와 기록의 왕국임을 새삼 깨닫는다.

▲ 진보초 책방

야스쿠니에 모셔진 천황 군대와 갈 곳 없는 나치 군대

야스쿠니 신사靖國神社는 우리의 현충원 같은 곳이다. 안내 팸플릿을 보니 "조국 수호를 위한 공무로 희생된 사람들의 영혼"을 모신 곳이라고 설명한다. 메이지 유신 당시의 내전이었던 보신, 세이난 전쟁부터 일청, 일러, 일중 전쟁을 거쳐 태평양 전쟁까지의 전몰 군인과 민간인 등 총 246만 6천여 명의 영혼을 안치했다. 태평양 전쟁 전범으로 처형된 이들도 여기에 있다. 천황을 위해 죽은 사람이라면 누구인지 굳이 가리지 않았다. 막말의 내전에서 막부에 충성을 다했던 불쌍한 영혼들은 여기에 없다.[70]

▲ 야스쿠니 신사 다이이치도리, 25m로 일본에서 제일 크다.

야스쿠니 신사에는 4개의 도리이가 있다. 나는 진보초에서 걸어가 25m 높이로 일본에서 제일 크다는 다이이치도리이第一鳥居를 지났다. 여기를 지나니 중앙 광장에 동상 하나가 보인다. 1893년 세워진 일본 최초의 서양식 동상이라는 오무라 마수지로大村益次郎의 동상이다. 조슈 출신인 그는 근대 일본 군대의 창설자로서 야스쿠니 신사 창건에 간여하였다. 배전에는 참배 중인 일반 참배객들이 많았다. 영령들을 모신 본전은 배전 뒤에 있어 바깥에선 잘 보이지 않았다.

야스쿠니 신사는 매년 일본 총리가 참배했다느니, 공물을 바쳤다느니 하는 뉴스로 우리의 이목을 끈다. 일본으로서는 어쨌거나 나라를 위해 목숨을 바친 전몰

▲ 오무라 마수지로 동상. 1893년 세워진 일본 최초의 서양식 동상이다.

영령들이니 이들을 어디선가는 거두어야 할 것이다. 더욱이 일본은 죽은 이의 영혼을 숭배하는 신도의 나라다. 그래서 이런 역할을 이곳에 떠맡긴 것이 아닐까?

신도가 민간 차원의 종교라지만 야스쿠니 신사를 그렇게만 보기는 어렵다. 신사의 격 중에 가장 높은 신궁의 경우 운영 주체가 국가로서 그 종사자들은 국가 공무원의 신분을 갖는다. 야스쿠니 신사는 신궁의 격은 아니지만 실질적으로 신궁 이상의 격을 갖는다고 보는 게 맞겠다.

▲ 야스쿠니 신사 배전

독일에는 전쟁 전몰장병들을 위한 이런 국가적 차원의 국립묘지나 영령 안치 시설은 없다. 전쟁 당시 세워진 그들의 참전을 기리는 비석 같은 것들이 지방에 동네별로 남아 있을 뿐이다. 대다수 독일의 전몰장병들이 홀로코스트라는 제노사이드 범죄에는 간여하지 않았지만, 그들에게 일종의 연대 책임을 지운 셈이다. 그래서 똑같이 제2차 세계대전을 일으키고 전쟁 범죄를 저질렀지만, 독일의 군인들은 일본처럼 국가 차원의 예우가 없다.

그러고 보니 많은 일본 시민이 이곳을 방문해서 동전을 던지고 참배한다. 우리 시민들은 여기 야스쿠니 신사를 방문하는 일본인들만큼 평시에 우리 현충원을 방문하는가? 아닌 것 같다. 야스쿠니 신사를 참배하는 일본을 비난하기 전에 우리부터 현충원을 대하는 태도를 돌아보면 좋겠다. 일본의 신도는 메이지 유신과 함께 일본 정부가 국책으로 진흥시켜 대중화에 성공했다. 천 년 이상 이어져 온 일본의 고대 전통에 결합해 천황이나 국가를 일반 시민과 가까이 다가가게 하는 데 성공하였다. 이런 측면에서 에릭 홉스봄Eric Hobsbawm이 말한 '만들어진 전통'의 가장 전형적인 사례인 듯하다.

유슈칸, 전쟁의 기억을 기리고 배운단 말인가

야스쿠니 신사의 부속 박물관 유슈칸遊就館에는 주로 전몰 군인과 함께 무기 등 전쟁에 관한 기억이 전시되고 있었다. '유슈'는 중국 고전에 나오는 말로 귀중한

▲ 유슈칸

영혼들을 접촉하고 배운다는 의미다. 그렇다면 이런 전쟁을 도모하고 참전한 군인들로부터 무엇을 배운다는 말인가? 또 일본 군인들이 나라를 "지키기defend" 위하여 전몰했다고 설명하고 있다. 그렇다면 나라를 지키기 위하여 남의 나라를 침략했다는 말인가? 너무 주관적인 관점임을 토로치 않을 수 없다.

오사카성에서 도요토미 히데요시의 조선 침략도 '침략' 대신 '출병'이란 말을 쓰고 있음을 보았다. 왜 이들은 침략을 침략으로 부르지 못할까? 침략이 악행임은 안다는 점을 제외하면 이들의 인식은 보편적인 인류의 공동 인식과는 한참이나 먼 것이다. 일본 속담에 "과거는 물에 흘려보낸다."라는 말이 있는데 지나간 분쟁은 빨리 잊고, 실수를 언제까지나 추궁하지 않는다는 의미라 한다.[71] 그래서일까? 문명국 일본의 아쉬운 대목이다. 대부분의 전시실에선 사진 촬영이 금지되었고 기념품 가게의 판매 책자들도 일어본 외에 영어본은 없었다. 야스쿠니 신사를 일본인들을 위한 국가 내부적 시설물로 이해해 달라는 메시지인 듯하다.

고쿄 방문은 사전 예약이 필요하다

고쿄皇居는 지금 일본 천황이 사는 곳이다. 고쿄를 둘러싼 해자에서는 시민들의 뱃놀이가 한창이었고 건너편 둘레길에는 벚꽃놀이를 나온 사람들로 붐볐다. 1868년 메이지 유신으로 신정부가 막부를 접수하고 이듬해 초 교토에 살던 천황이 쇼군이 살던 에도성으로 옮겨왔다. 천 년 만에 처음으로 천황과 정부가 같은 수도에 머물게 되었다. 정문 앞 석교가 고색창연하다. 이 돌다리는 니주바시二重橋 중 하나인데 안경다리로도 불린다. 이 뒤로 하얀 벽의 후시미 망루가 보였다.

▲ 고쿄皇居를 둘러싼 해자 / 왼편이 고쿄다.

▲ 세이몬이시바시正門石橋 / 뒤쪽의 하얀 건물 후시미 망루가 보인다.

▲ 고쿄 바깥 정원에서 본 마루노우치 빌딩가

▲ 일본 의회 / 참의원과 중의원이 같이 있다.

황궁의 바깥 정원 고쿄가이엔皇居外園 넓은 잔디밭에는 남북조 시대의 고다이고 천황의 충신 구노스키 마사시게楠木正成가 말을 타고 있는 모습의 동상이 있다. 그는 천하가 천황에게 등을 돌린 뒤에도 싸우다 죽으라는 칙명을 내려 달라고 했던 인물이다. 그런데 이곳에 조성된 소나무들을 보니 예사롭지 않다. 적당한 크기로 찍어낸 듯 일정한 형태를 취하고 있다. 본사이盆栽의 확대형이라 할까. 단조로운 듯하면서도 아름답다. 고쿄에 들어가서 보려면 궁내청 홈페이지에서 예약해야 하는데 이번에 보니 3월의 많은 날이 아예 방문을 받지 않는 날들이었다.

고쿄의 해자 건너편에 최고재판소, 국회의사당, 국립극장 등이 몰려 있는 가스미가세키의 관청가가 있다. 역시 건축은 그 나라의 국격이다. 일본의 최고재판소

▲ 도쿄역 / 마루노우치 역사

를 보니 서초동의 우리 대법원 건물이 생각났다. 멋없이 키만 큰 감동 없는 건물이다. 김수근 씨의 작품인 여의도 국회의사당은 일본의 국회의사당에 견주어도 손색이 없을 듯하다. 내가 근무했던 도하의 카타르 대사관 건물도 김수근 씨의 작품이었다. 작지만 아름답다. 도쿄역의 마루노우치 역사 건물은 1914년 준공되었는데 적벽돌의 외양이 아름다웠다. 인근 마루노우치 금융가의 고층 건물들과 신구의 대조와 조화가 빚어내는 아름다움이 돋보였다.

호텔로 돌아와서 시간 반을 쉬고 다시 나갔다. 우에노上野 공원부터 갔다. 해 지기 전에 벚꽃을 보기 위해서였다. 이제 막 벚꽃이 피기 시작했다. 이 공원은 1873년 지정된 일본 최초의 공원이다. 공원 안에 동물원, 박물관, 미술관이 있다. 때마침 벚꽃 구경하러 나온 인파로 걷기 힘들 정도였다. 이번 일본 여행에서 보니 인도 관광객들이 눈에 많이 뜨였다. 이들은 자신의 전통 복장을 하고 다니니 금방 알 수 있다. 여행한다는 건 사는 형편이 나아졌다는 것이리라.

신주쿠 오모이데요코초 골목, '혼술'의 소소한 행복

▲ 오모이데요코초 선술집

날이 저물었다. 다음 행선지인 신주쿠新宿로 향했다. 꼬치 거리라는 오모이데요코초 선술집 골목에서 닭고기, 돼지고기 꼬치구이로 삿포로 맥주 한 병을 비웠다. 1,800엔이 나왔다. 싸지 않나? 여행 중 마시는 맥주 맛은 일품이다. 체코에서 왔다는 미국 유학생과 옆에 앉아 대화를 나누었다. 이 친구는 한국도 몇 번을 다녀왔다고 한다. 그러다가 가부키초歌舞伎町를 보고 시부야渋谷로 넘어왔다. 그 유명한 스크램블 교차로를 건너 저녁을 먹고 호텔로 돌아오니 밤 10시가 훌쩍 넘었다. 신주쿠나 시부야는 24시간 잠들지 않는 거리다. 오늘 걸음걸이가 3만 보를 넘었다.

시부야 스크램블 교차로는 세계에서 가장 사람들의 왕래가 많은 교차로라 한다. 그런데 가만 보니 대각선 얼룩말 선이 두 방향으로 교차하지 않고 한 방향으로만 그어져 있다. 그 많은 사람이 서로 부딪히지 않고 잘 걸어 다닌다. 시부야역 앞에 충성스러운 개, 하치의 동상이 있는데 놓치고 보지 못해 아쉽다. 그곳엔 세계

▲ 밤 10시가 넘은 시부야 지하철역

의 사람들이 다 모여 있었다. 일본의 거리나 지하철에서 만나는 사람들은 우리보다 훨씬 국제적이다. 다양한 인종, 국적의 사람들이 거침없이 부딪힌다.

일본 사람들은 외모에 그다지 신경 쓰지 않는 것 같다. 요즘 서울에선 대머리를 볼 수 없다. 가발을 쓰거나 머리를 심기 때문이다. 도쿄에서는 유럽에서와 같이 꽤 많은 대머리를 볼 수 있었고 복장도 가지각색이다. 서울에선 이제 볼 수 없는 통 넓은 바지나 넥타이도 드물지 않게 보인다. 남에게 보여주기 위한 꾸밈의 생활이라기보다는 자신을 위한 삶을 살아가는 이들에게서 자유분방한 개성과 멋, 그리고 인간적인 매력을 느낀다. 아카데미상을 3번이나 수상한 메릴 스트립Meryl Streep은 성형을 하지 않는 이유로, 자신의 얼굴 하나하나가 인생 경험을 나타내고 있기에 그대로 간직하려 한다는 말을 남겼다.

도시 전체가 세계문화유산인 닛코

3월 23일, 여행 6일 차다. 아사쿠사淺草에서 기차를 타고 도쿠가와 이에야스의 묘소가 있는 닛코日光로 향했다. 도쿄 근교의 목적지로는 원래 가마쿠라만 계획에 넣었다가 닛코는 도쿄 현지에서 급작스레 결정하여 가게 되었다. 여행의 반은 준비라는데, 준비가 부족하니 허둥댈 수밖에 없었다. 다행히도 큰 실수 없이 볼 건 다 봤고, 안 보면 후회할 뻔했다.

▲ 닛코행 열차를 타는 아사쿠사역

닛코는 도쿄에서 동북쪽으로 140km, 가마쿠라는 정반대인 도쿄 남서쪽으로

50km 떨어져 있다. 아사쿠사역에서 닛코역까지는 2시간이 채 안 걸렸다. 1899년 6월에 닛코를 방문한 독일군의 빌헬름 폰 리히트호펜 남작은 도쿄에서 이곳까지 기차로 5시간이 걸렸다고 했다. 그는 자신의 기행문에서 "닛코를 보지 않은 자는 '멋있다'라는 말을 할 자격이 없다."라는 일본 속담을 인용했다.[72] 닛코역에서 기차에서 내려 시내로 들어갔다가 버스를 타고 이로하자카라는 48 구비 도로를 꼬불꼬불 돌아서 산 위로 올라갔더니 놀랍게도 산 정상에 큰 호수가 나타났다.

주젠지호中禪寺湖다. 주젠지호는 해발 1,200m가 넘는, 일본에서 가장 높은 곳에 있는 호수다. 여름 피서지로 각광받는 곳으로 메이지 시대에는 외교관들의 여름 별장이 몰려 있었다. 여기에서 케곤華嚴 폭포를 볼 수 있다. 20세기 초 니체와 쇼펜

▲ 어느 카페에서 내다본 주젠지 호수. 몽환적이다.

하우어를 추종하는 청년들의 자살이 이 폭포에서 줄을 이었다고 한다. 호숫가를 거닐다 우연히 들어간 한 카페에서 내다본 호수는 마침 잔잔하게 내리는 비와 물 안개로 몽환적인 풍경을 연출하고 있었다. 잠시나마 진한 여수를 느껴본다.

▲ 케곤 폭포

이사일사二社一寺의 닛코산나이

▲ 린노지 본당(삼불당) / 1645년에 중건되었다.

▲ 후다라산을 신체로 모시는 후다라산 신사 / 767년 창건. 지금의 본전은 1619년 세워졌다.

닛코는 이사일사二社一寺의 도시다. 두 곳의 신사와 한 곳의 절이 있다는 의미다. 닛코산나이日光山內라는 이곳 닛코 일대가 모두 유네스코 세계유산으로 포괄 등재되었다. 개별적인 유산이 아니라 특정 지역 전체를 등재한 첫 사례다. 도쿠가와 이에야스를 모신 도쇼쿠東照宮와 고대로부터 내려온 산악신앙의 중심지인 후타라산二荒山을 신체로 하는 후타라산 신사, 그리고 린노지輪王寺가 있다. 린노지 본당에는 3개의 대불상(천수관음상, 아미타여래상, 미륵관음상)이 있어 삼불당이라고도 한다. 소요원이라는 부속 정원이 있다.

도쿠가와 이에야스를 신격화한 도쇼쿠

닛코산나이 입구에 다이야강을 가로질러 세워진 신교神橋는 붉은색 주칠로 단

▲ 요메이몬

▲ 카라몬

장한 나무다리다. 인간의 세계를 넘어 신의 세계로 들어가는 현관임을 알리고 있다. 우선 린노지와 부속 정원인 소요원을 둘러본 후 도쇼쿠로 넘어갔다. 도쇼쿠는 국보를 8개나 갖고 있다. 당시 최고 기술을 동원한 옻칠과 극채색을 구사한 화려한 조각이 뛰어나다. 본전과 배전이 이시노마石の間(신발을 신은 채로 들어갈 수 있는 바닥)로 연결된 곤겐즈쿠리權現造 양식으로 지어졌다. '곤겐즈쿠리'라는 말은 도쇼쿠로부터 유래되었으며 영묘 건축의 대표적 양식이다.[73]

1616년 도쿠가와 이에야스가 죽으면서 그 이듬해에 아들인 2대 쇼군 히데타다秀忠가 시즈오카의 구노잔久能山에서 유해를 가져와 영묘를 만들어 도쇼쿠를 창건하면서 이에야스의 신격화 작업이 시작되었다. 손자인 3대 쇼군 이에미츠家光가 확장, 재건하여 지금의 모습을 갖추게 되었다. 이에미츠는 도쿠가와 막부의 초기 기반을 확립한 쇼군이다. 그는 천주교도의 시마바라 난을 진압하고 스페인과 포르투갈에 대한 도항 금지를 단행하면서도 네덜란드와의 교역 창구로 나가사키에 데지마를 만들었다. 그는 훗날 자신도 도쇼쿠 경내의 다이유인大猷院에 묻혔다. 그의 무덤은 할아버지 이에야스를 존경하는 마음에서 도쇼쿠를 바라보는 동북쪽으로 지어졌다고 한다.

재미있는 것은 이에미츠가 이에야스의 손자가 아니라 아들이라는 이야기다. 이에야스의 아들인 2대 쇼군 히데타다가 장남인 이에미츠가 아닌 차남에게 쇼군직을 물려주려 하였으나 오고쇼로서 막후 권력을 행사하던 이에야스의 반대로 장남인 이에미츠가 3대 쇼군이 되었다. 그런데 이것은 이에미츠가 이에야스와 그의 유모 사이에서 낳은 아들이기 때문이라는 것이다.

습합신도와 유일신도 간의 경쟁

도쿠가와 이에야스의 신격화 과정에서 습합신도와 유일신도, 두 신도 종파가 대립하였고, 습합신도 쪽의 덴카이天海가 승리하여 이에야스에게 '도쇼다이곤겐東照大權現'이란 신호神號가 주어졌다. 애초에는 유일신도에 의한 '다이묘진大明神'이라는 신호가 고려되었으나, 그 신호를 받은 도요토미 가문이 멸문되었다며 덴카이가 반대하자 히데타다가 도쇼다이곤겐으로 결정했다고 한다. 곤겐權現은 이자나기, 이자나미 두 신만이 사용하는 신호다.[74] 다이곤겐을 모신 도쇼쿠도 이세 신궁에 버금가는 지위를 부여받았으며 각 지방에도 40여 개의 말사를 설립하여 전국

▲ 도쇼쿠 이에야스 사당

적인 제의 조직을 갖추었다.

　이에야스 이전에 유일하게 신호를 부여받은 도요토미 히데요시도 신격화되었다. 히데요시가 기독교를 금하면서 "일본은 신국인 까닭에"라고 하였고, 도쿠가와 이에야스는 "일본은 신국이자 불국이므로"라고 하였다. 히데요시는 유일신도이며, 이에야스는 습합신도임을 나타낸다. 히데요시는 유력 다이묘들을 고위 관직으로 임명하여 이들을 율령적인 관위 체계에 묶어 두려는 고대 율령 체계의 부활을 핵심으로 하는 사실상의 왕정복고를 행하였고, 습합을 중시하는 이에야스는 이를 부정하였다. 이것은 메이지 유신 초기에 폐불훼석과 국가신도가 일어나게 된 배경과 연결되는 대목이다.[75] 즉, 유신은 서군의 동군에 대한 승리이자, 유일신도의 습합신도에 대한 승리로 볼 수 있다.

요메이몬, 모모야마 시대보다 더 화려해졌다

흰색 기둥, 황금색 단청 그리고 검은색 기와는 요메이몬陽明門의 화려함의 극치를 보여준다. 여기에는 용, 기린, 새, 물고기와 같은 동물과 꽃식물, 그리고 공자,

▲ 요메이몬陽明門 / 이곳에 오르기 전 좌 · 우로 네덜란드 등롱과 조선종이 있다.

▲ 도쇼쿠 / 산자루, 세 마리 원숭이 조각

맹자 등 사람을 모두 합하여 500개의 조각에 금과 칠보를 입혔다. 그래서 히구라시몬日暮門이라는 별명이 말해 주듯 이 문 하나를 해가 저물 때까지 하루 종일 볼 만하다는 것이다. 세 마리의 원숭이가 눈, 귀, 입을 가리고 있는 산자루三猿나 잠자는 고양이 네무리네코眠猫도 눈여겨볼 만하다. 네무리네코는 평화를 기원하며, 산자루는 나쁜 것을 보지도, 듣지도, 말하지도 말라는 도쿠가와 이에야스의 교훈을 나타낸다.

도쇼쿠가 건립된 때는 모모야마 문화를 계승한 간에이寬永 시대(1624~1644년)로 권력을 과시하려는 호화로운 영묘 건축이 유행하였다. 기존의 서원조 건축에 초암풍의 다실을 덧붙인 수기야즈쿠리數奇屋造 건축 양식도 나타났다.[76] 당시 정묘, 병자호란으로 피폐된 조선의 상황과 대조되는 시기였다.

닛코가 막부 창건 시조의 영묘로 간택된 까닭은?

본전에서 네무리네코를 지나 긴 계단 길을 올라가면 이에야스의 영묘다. 금, 은, 동 합금으로 만든 5m 높이의 청동 보탑寶塔 아래 그가 잠들고 있다. 1617년 이에야스를 이곳으로 이장한 후 보탑은 목제에서 석제, 그리고 1683년 지금의 금속 탑으로 바뀌었지만, 무덤은 한 번도 열지 않았다고 한다. 20세기 초 일본을 방문한 영국의 후버트 저닝험 경은 교토나 나라의 쟁쟁한 신사나 사찰에 견주어 도쇼쿠가 최고의 찬사를 받을 수 있는 것은 뛰어난 건축이나 화려한 단청보다는 40마일에 걸친 아름드리 삼나무 숲으로 둘러싸인 빼어난 자연경관 때문이라고 했다. 그것이 바로 닛코가 도쿠가와 왕자들의 영묘로 간택된 주된 이유라고 했다. 이에 야스는 "몸은 구노산에 묻고, 닛코산에 사당을 세워 혼령을 모셔라."라는 유언을 남겼다.

도쇼쿠를 보고 느낀 것은 일본의 문화재 보존 수준이 상당하다는 것이다. 도쇼쿠는 400년 가까운 세월에도 섬세하고 화려한 색채가 생생하게 살아 있다. 일본은 유지, 보수, 관리의 달인이다. 독일과 매우 유사한 특징이다. 문화재를 대략 50

▲ 도쿠가와 이에야스의 영묘로 올라가는 길

▲ 이에야스의 영묘

년 단위로 보수, 관리한다고 한다. 수시로 단청을 하고 옻칠을 덧입힌다. 한국에
도, 중국에도 이미 남아 있지 않은 7세기에 지어진 세계에서 가장 오래된 호류지
같은 고대 건축물들이 일본에 남아 있는 건, 지금도 지속되고 있는 일본인들의 문
화재 재건, 보수 덕분이다.[77]

조선통신사는 사실상의 조공 사절이었나

요메이몬으로 올라가는 마당에는 인조가 조선통신사 편에 보낸 조선종과 네덜란드 동인도 회사가 가져온 오란다 회전 등롱燈籠이 좌우에 자리 잡고 있다. 조선통신사는 삼구족三具足(향로, 촛대, 화병)도 함께 가져갔다는데, 도쇼구에서는 볼수 없었다. 이 중 청동 촛대 한 쌍은 이에미츠를 기리는 다이유인에 일본의 영주들이 보낸 다른 촛대들과 함께 전시되어 있다고 한다.

▲ 도쇼쿠 조선종. 1643년 제5차 조선통신사가 가져왔다. 아무런 안내판이 없다.

▲ 이에야스의 송문이 새겨진 조선종

  1636년 도쇼쿠가 완공되면서 일본은 네 번째 조선통신사를 통하여 편액, 시문, 종 등을 보내 달라고 요청하였고, 조선이 이에 부응하여 1643년 다섯 번째의 조선통신사가 에도로부터 이곳 산중까지 조선종을 갖고 왔다. 이 범종에는 도쿠가와 이에야스를 기리는 송문이 새겨져 있다. "일광산의 도량은 도쇼다이곤겐을 위해 세워졌는데 다이곤겐은 끝없는 공덕이 있어서 끝없이 섬기려는 것이다"로 시작하는 명문銘文이 바로 그것이다.[78] 내가 만난 빈 대학의 일본사 전공 제프 린하르트Sepp Linhart 교수는 당시 막부가 주민에게 과시할 목적으로 조선에 제철 재료를 보내서 조선에서 주조한 종을 가져오게 한 것이라고 했다.

도쿠가와 막부 당시 도쇼쿠는 막부의 시조인 이에야스를 모신 성소였던 만큼 이곳의 참배는 특별한 의미를 지닌다. 도쇼쿠의 4월 대제에 쇼군이 직접 다이묘들을 거느리고 참배하는 닛코고샤산日光御社參은 대대적인 국가 행사였다. 당시 수십만에 이르는 병졸과 인부들이 동원되었는데, 건국신화를 재현하는 의식이었다고 한다.[79] 막부는 바로 이곳에 조선과 류큐의 사절이 참배토록 요청하였다. 조선통신사는 1607년부터 1811년까지 모두 12차례 일본에 갔지만 국교 회복을 목적으로 한 제1차만 제외하고 나머지는 모두 쇼군의 취임 등을 계기로 한 축하 사절이었다. 전쟁의 피해를 봤던 당사자인 선조가 조선통신사의 파견을 재개한 것이나 쇼군이 교체될 때마다 축하 사절로 통신사가 파견되었던 의미가 과연 무엇이었던가?

조선은 일본의 요청을 수락지 않을 경우 일본의 재침을 우려하였다. 1635년 쓰시마 번주와 가신 간에 벌어진 국서개작 사건인 '야나가와 사건柳川事件'을 빌미로 일본이 통신사 파견을 요청하여 네 번째 조선통신사가 파견되었다. 이에미츠는 에도성에서 이들을 접견한 자리에서 닛코 방문을 권하였다. 조선통신사는 닛코 방문이 애초 일정에 없음을 이유로 거절하였으나 이에미츠의 집요한 압력으로 결국 1636년 정월의 혹한에도 불구하고 이들 중 207명이 7박 8일 일정으로 닛코로 떠났다. 이들은 외국인으로서는 완성된 도쇼쿠를 처음 보고 경탄하였다고 한다. 이에미츠가 조선통신사에 닛코행을 강권한 것은 야나가와 사건에도 불구하고, 일본이 동요치 않음을 조선에 보여주기 위해서 도쇼쿠의 위용을 빌린 것이라 한다.[80]

1636년 네 번째 통신사가 일본 방문을 마치고 귀국하였을 때는 병자호란이 일어나 삼전도의 굴욕을 겪은 직후였다. 조선은 통신사를 파견하여 전쟁 중 잡혀간 조선인들을 데려오고, 일본의 국정을 파악하여 후환이 없도록 한다는 목적과 함께 청과 일본 사이에서 조선의 존재감을 높인다는 명분을 내세웠지만[81] 일본의 인식은 달랐다.

진구 왕후 이래 일본이 번국으로 간주한 한반도에서 보내왔던 조공이 고려 시대가 되면서 뜸해지다가 일본이 센코쿠 시대의 혼란기에 접어들자 완전히 끊어져 이에 분노한 히데요시가 전쟁을 일으켰고, 그 결과 조선의 조공이 재개된 것이 통신사라는 것이다.[82] 일본은 네덜란드에도 조선통신사를 조공 사절로 설명했다.[83] 조선통신사가 도쿠가와 막부의 시조인 이에야스의 묘소까지 참배한 정황은 어떻게 설명해야 할까. 더욱이 1719년 제11차 조선통신사로 갔던 신유한 일행은 조선의 원수인 도요토미 히데요시의 원찰인 다이부쓰지大佛寺에까지 가서 내키지 않은 연회에 참석해야 하는 수모를 겪기까지 했다.[84] 결국 엄격한 조공의 형식을 갖추진 않았더라도 내용상으로 조공 사절로 볼 수 있는 대목이다. 이것은 같은 시기에 류큐의 사절이 구리 화병 등 헌상품을 갖고 닛코를 세 차례에 걸쳐서 참배한 것과 유사하게 읽히는 대목이다.

이 당시 일본은 자신들을 세계의 중심으로 자처하였다. 도쿠가와 정권은 나가사키, 사쓰마, 마쓰마에松前, 쓰시마(왜관) 등 네 지역에서 중국, 네덜란드, 류큐, 아이누, 조선과 교역을 하면서 일본 중심적인 또 다른 화이 질서를 구축하였다.[85] 스페인, 인도, 사이엠의 왕, 그리고 로마교황은 도요토미 히데요시나 도쿠가와 이에야스에게 사절을 몇 번씩이나 보냈다. 일본의 쇼군들은 이들 사절을 융숭히 대접해서 돌려보냈지만, 결코 그 나라들을 일본과 동급으로 여기지 않았다.[86]

▲ 네덜란드 동인도 회사가 진상한 등롱 / 조선종과 달리 안내판이 보인다.

그런데 조선종 건너편에 있는 네덜란드의 등롱 앞에는 이것을 상세히 설명하는 안내판이 있지만 조선종 앞에는 아무런 안내판이 없다. 나도 주변 일본인에게 물어봐서 이것이 조선종임을 확인할 수 있었는데, 왜 일본은 안내판을 만들지 않았을까? 아마도 조선통신사에 대한 한·일 간의 큰 인식 차이 때문일 것이다. 네덜란드 등롱은 1636년 네덜란드 동인도회사가 도쇼쿠의 완공에 즈음하여 쇼군 이에미츠에게 직접 기증한 것이다.[87] 일본과 상업 거래를 원활히 하기 위한 진상품이었다.

일본 최초의 무가 시대를 연 가마쿠라

▲ 가마쿠라 다이부츠(대불)

3월 24일, 여행 7일 차다. 도쿄역에서 JR 기차에 몸을 실었다. 목적지는 12세기 말 미나모토 요리토모源賴朝가 일본의 무가 시대를 연 가마쿠라였다. 에노시마江島섬부터 보려고 오후나大船역에서 내려 쇼난湘南 모노레일로 갈아탔다. 나는 아직 모노레일을 타본 적은 없었는데, 완만하게 움직이는 롤러코스터를 탄 기분이었다. 좁고 기복이 심하고 커브 길이 많은 도로 사정상 공중에 매달아 움직이는 모노레일이 적합한 교통수단이 되었을 것 같다. 실생활에 접목된 일본의 과학기술이다.

종점인 쇼난에노시마역에 내렸다. 골목길을 따라 해안 쪽으로 내려가다 보니 큰길 건너편으로 에노시마섬이 보였다. 그런데 도쿄에서 은행에 들렀다 늦게 출

▲ 에노덴 전차 / 동네 좁은 골목길을 달린다.

발하였기에 점심을 먹고 나니 이미 12시가 넘었다. 아무래도 에노시마섬에는 들를 시간이 없을 것 같다. 그래서 바로 가마쿠라로 향했다. 에노시마역에서 에노덴전차를 타고 가마쿠라로 가는 길에 일본 애니메이션 '슬램덩크'의 성지라는 고코마에高校前역을 경유했지만, 그냥 지나쳤다. 여행하다 보면, 보고 싶지만 포기해야할 때가 있다. 나의 우선순위는 가마쿠라의 쓰루가오카하치만구鶴岡八幡宮 신사와 대불大佛이었다.

가마쿠라는 800년 전 일본의 최대 도시였다

가마쿠라역에서 내려 길거리 음식 등을 파는 조그만 가게들이 늘어서 있는 고마치도를 지나서 쓰루가오카하치만구까지 걸어갔다. 신사 경내의 겐지못源氏池 주

▲ 가마쿠라 고마치도

위로 벚꽃이 화사하게 피었다. 이 신사는 1185년 시모노세키의 단노우라 전투에서 승리하여 겐페이 전쟁의 대세를 결정짓고 가마쿠라 바쿠후를 열었던 미나모토 가문을 기리는 곳이다. 가마쿠라는 천혜의 요새였다. 앞으로는 바다, 뒤로는 산들이 연이어 에워싸고 있어 오직 7개의 인공 통로를 통해서만 이곳에 들어올 수 있었다. 요리토모가 이곳을 본거지로 정하게 된 것도 자기 고향

▲ 쓰루가오카하치만구 신사

이기도 했지만, 방어에 유리한 지형 때문이었다고 한다. 가마쿠라는 당시 교통 사정으로 교토로부터 열흘이 걸리는 곳이었다. 교토와 가마쿠라 간 왕래가 잦아지면서 도로가 발달하게 되었고 교토 중심의 일본 문화가 가마쿠라로도 옮겨지면서 이원적인 구조를 만들어 냈다.

가마쿠라 시대를 일본의 무가 정권의 시초로 보지만, 천황의 권력이 건재하였고 특히 관서 지방 쪽으로는 무가의 힘이 미치지 못했다. 교토에서도 무가의 사신이나 관리들이 거주하였던 로쿠하라六波羅 지역 정도만 그 실권이 미쳤다 한다. 1250년 당시 가마쿠라는 인구 20만 명을 가진 일본 최대의 도시가 되어 교토를 능가했다.

조각의 황금기, 가마쿠라 시대를 엿보다

신사 경내의 가마쿠라 국보관國寶館에 들렀다. 이곳은 조각의 황금기였던 가마

▲ 당대의 권력자인 호조 도키요리 좌상, 세속적인 초상 조각의 대표작이다.

쿠라 시대의 국보급 목조각품들을 상시 전시하고 있다. 약사여래좌상, 지장보살좌상, 천수관음보살좌상 등 불상 외에도 당대의 권력자들을 소재로 한 작품들도 전시되고 있다. 그중 대표적인 일본 무사의 목상인 호조 도키요리北条時賴 좌상이 인상적이었다. 까만 옻칠을 한 에보시烏帽子를 쓰고 온후하지만 단호한 표정을 짓고 있다. 부풀어진 바지가 발목에 걸려 있다. 13세기부터 불상이 아닌 세속적인 초상조각이 만들어지기 시작했다.

목조각품인 십이신장十二神將 입상은 녹청patina을 입히고 눈에는 수정을 박았다. 당대의 대표적 조각가인 운케이運慶의 작품이다. 당시에는 사실적 작품 경향의 경

▲ 십이신장十二神將 입상, 1.2~1.6m의 목조각품

파慶派가 대세였다. 도다이지 남대문의 금강역사상도 이들 경파의 작품이다. 표정이나 근육의 생동감이 압권이다. 불상의 눈에 수정을 박기 시작한 건 헤이안 시대 말기부터이며, 가마쿠라 시대에 널리 유행했다. 열 명의 지옥왕 중 한 명인 초강왕初江王 좌상은 지옥 입문 14일째를 맞은 자를 심판하는 지옥왕답게 근엄한 표정이지만 코믹하기도 하다.

▲ 대불의 내부 / 속이 텅 비었다.

▲ 사하데바俱生神 좌상. 표정이 무섭기도 하고 코믹하기도 하다.

산 자의 일생을 쫓아다니며 그 선악의 행실을 염라대왕에게 보고한다는 사하데바俱生神 좌상도 표정이 무섭기도 하고 코믹하기도 하다. 허공에 떠 있는 두 팔에는 염라대왕에게 보고하는 두루마리가 들려 있음을 암시한다. 두꺼운 눈썹과 휘말린 턱수염을 강조하여 지옥신의 사악한 페르소나를 드러내고 있다. 작품마다의 표정이나 동작이 매우 풍부하고 역동적이다.

도고쿠의 경제력을 과시하기 위한 가마쿠라 대불

가마쿠라 대불을 보러 다시 에노덴을 타고 하세역으로 갔다. 가마쿠라 대불은 고도쿠인高德院 경내에 있는 청동으로 만든 '아미타여래좌상'이다. 1252년에 만들기 시작해서 10년 정도가 걸려 완성했는데, 대좌를 포함한 총고總高가 13.4m, 무게가 121톤으로서 일본에서는 도다이지 대불 다음으로 큰 것이다. 1899년 이곳을 찾은 독일군의 빌헬름 폰 리히트호펜 남작은 이 대불을 보고, "고개를 약간 숙이고, 눈은 반쯤 감은 채, 양손은 무릎에 올려놓고 있다."라고 표현했다.[88] 군인다운 관찰력이다. 당시 교토로부터 가마쿠라로 들어오는 사람들에게 도고쿠東國의 경제력을 과시하기 위한 것이었다.[89]

별도의 입장료를 내고 불상 내부로 들어가 대불의 텅 빈 속을 들여다볼 수 있었다. 원래는 대불이 안치되었던 건물이 있었지만 1498년 발생한 지진과 쓰나미로 쓸려나간 후부터 대불이 야외로 노출되었다. 100년도 더 전에 이곳을 방문한 영국의 후버트 저닝험 경은, 절대 쉽지 않았을 이 거대한 대불의 온화한 표정을 만들어낸 일본의 금속 예술을 극찬했다. 그는 16세기 피렌체의 조각가 벤베누토 첼리니도 이 가마쿠라 대불은 생각조차 못 했을 거라고 했다.[90]

무가의 등장은 일본의 특수한 길인가?

일본의 중세가 그렇듯 가마쿠라 시대도 피비린내 나는 역사로 점철되었다. 1192년 요리토모의 이복동생 미나모토 요시츠네源義經는 단노우라에서 벌어진 겐페이 전투에서 승리하고 고토바後鳥羽 천황으로부터 정이대장군의 직을 하사받았다. 하지만 이에 위협을 느낀 요리토모와 싸움이 벌어졌고 수세에 몰린 끝에 자결하였다. 그 후 가마쿠라 시대를 연 요리토모의 시대가 왔지만, 그가 말에서 떨어져 죽은 후 17살 난 아들 요시이에義家가 뒤를 이었다.

하지만 외할아버지 호조 토키마사北条時政의 섭정으로 실권이 외가인 호조 가문으로 넘어가면서 쇼군은 꼭두각시가 되었고, 이 과정에서 엄청난 살육이 일어났다. 1333년 천황파인 닛타 요시사다新田義貞가 난공불락이라는 가마쿠라를 해안가 쪽으로 우회, 공략하여 가마쿠라 막부가 종말을 맞았을 때 900여 명의 호조 가문의 사무라이들이 집단 자결하였고 그 뒤를 따라 6천여 명의 주민들도 자결하는 엄청난 비극이 일어났다.

무사가 역사에 등장한 것은 9세기 경이다. 율령 제도가 붕괴하고 장원이 난립하면서 영주는 자신의 토지를 지키기 위해 무장 집단을 조직하였다. 무사단의 시작이다. 무사는 조정 귀족의 신변도 경호하였다. 그래서 귀족 주위에서 대기한다는 의미의 '사부라우'에서 '사무라이'라는 말이 나왔다. 헤이안 시대에 천황의 외척이 권력을 잡은 셋칸攝官정치를 거쳐 11세기 말부터는 천황의 친아버지(상황)나 친할아버지(법황)가 실권을 장악한 인세이院政가 시작된다. 인세이 시기에 중용된 무사들이 점점 더 강력해진 데다, 조정 내 불륜으로 빚어진 내분 해결에 무사들이 동원되면서 정권이 무사들에게 넘어갔다. 그리고 마침내 12세기 말 최초의 막부인 가마쿠라 막부가 수립되었다.

애초 귀족은 무사를 인간이 아니라 집 지키는 개 정도로 여겼다지만, 이후 무가 시대는 약 700년이나 이어졌다. 이것은 무사가 자신의 힘을 자각한 결과일 것이다. 오다 노부나가가 승병과 맞서면서 히에이산 전체를 불태워 삼천 암자를 재로 만든 것에서 보듯이 이들은 신도, 부처도 전혀 두려워하지 않았다. "항상 준비하라. 집 밖을 나서면 영영 돌아올 수 없다는 듯 행동하라." 이것이 무사의 큰 계명이다. 무사의 계명은 점차 체계화되었고 무사도가 만들어졌다. 이들의 등장으로 진정한 정교분리가 일어났다. 쇼군은 무로마치 막부 때 일부 시기를 제외하면, 자신을 일본의 국왕이라고 생각하지 않았고 왕이란 호칭도 사용하지 않았지만, 서양이나 조선에서는 쇼군을 황제(왕)로 보았고 문서에도 그렇게 표기하였다. 천황은 교황과 비슷한 존재로 여겼다.

일본학의 황제라는 라이샤워 교수는 무가 정치가 일본 사회 전반에 영향을 미쳐 봉건 무사의 태도나 관념이 자연스레 일본인의 의식에 깊숙이 스며들어 갔다며, 근대에 들어와서도 거의 본능적으로 군인의 지도력을 따르고, 군인은 정직하고 성실하다고 믿는 경향이 생겨났다고 했다.[91] 중세 일본인들은 용맹함과 군사 경험 그리고 특히 무기 제조에서 전체 아시아의 어떤 국가보다 훨씬 앞서 있었다.[92] 군대의 전통이 강했던 프로이센이 독일제국이 되어 제1, 2차 세계대전을 일으킨 역사적 경로에 대하여 "독일의 특수한 길"이라는 분석틀이 나왔지만, 태평양전쟁을 일으킨 일본의 '특수한 길'도 바로 무가 정치로부터 출발한 것은 아닌지 생각해 본다.

상무의 나라 vs 문약의 나라

이렇듯 일본이 상무尚武의 나라였던 데에 비해 조선은 상문尚文의 나라였다. '무'의 폐해란 난폭함이고, '문'의 폐해란 약함이라 하겠다. 일제 시대 조선 유학을 연구한 다카하시 도루는 조선인의 열 가지 특성 중 하나로 문약文弱을 꼽았다. '문'을 행함에도 사상의 고착으로 600년 이상 오로지 주자학이라는 한 가지 학문에 만족하여 다른 학문이나 원리를 받아들이지 않은 민족은 세계 사상사에서 드물다는 것이다. 그는 '문'을 숭상하고 '무'를 천시하는 것은 유교의 가장 큰 결점이며, 조선이 다른 민족을 이겨본 적이 없는 역사를 가졌다고 했다.[93] 한국의 유교화 과정을 연구한 마르티나 도이힐러Martina Deuchler도 이러한 입장에 동의한다. 그는 조선과 고려의 사회상이 다른 중추적 요인으로 신유학, 즉 주자학을 지목했다.[94] 독일이나 일본의 '특수한 길'을 비판하기 전 우리 자신의 문약함도 돌아봐야 하지 않겠나.

⛩

일본의 최남단 가고시마에 가다

어제 도쿄에서 나고야로 왔다가 오늘 3월 26일 아침 일찍 일본 열도의 최남단 가고시마鹿兒島로 향했다. 가고시마는 삿초薩長동맹으로 조슈와 손잡고 메이지 혁명을 이루어낸 사츠마薩摩의 본고장이며, 두 혁명 영웅 사이고 다카모리와 오쿠보 도시미치의 고향이다. 내가 도쿄에서 1,300km나 떨어진 가고시마까지 간 것은 순전히 이 두 사람 때문이다. 신오사카역에서 기차를 갈아타고 가고시마 중앙역에 내렸다. 호텔 셔틀을 타고 시로야마산으로 올라가니 바다 건너 맞은편으로 연기가 피어오르는 사쿠라지마의 활화산이 눈앞에 펼쳐졌다.

일본 거리의 도시 조형물

유럽에서 살다가 한국으로 돌아와 느낀 것 중 하나가 도시 조형물의 격차다. 유럽과 달리 한국의 거리나 공원에서 볼 수 있는 도시 조형물이 내 눈에는 도무지 들어오지 않았다. 일례로 여의도 한강공원의 전시물은 특정 영화 모티브를 소재로 했다는데 정말 그 영화 제목같이 괴물스러운 전시물들이다. 예술 작품으로서 가치도 별로 없을 것 같고, 전달하고자 하는 메시지조차 읽기 힘들다. 주위 환경과도 조화롭지 않아 생뚱맞기까지 하다. 이제 철거한다니 그 철거 비용은 또 얼마나 들까.

▲ 나고야역 구내 은시계

▲ 가고시마역 뒤편 광장 랜턴

　　그런데 이번 일본 여행 중 만난 나고야역 구내의 금시계, 은시계나 가고시마 중앙역 뒤편 광장의 랜턴 같은 조형물은 유용하면서도 "참 좋다"는 느낌이 든다. 도시 조형물은 적어도 보편성과 지속 가능성, 그리고 주변 환경과의 조화로움 같은 정도의 요건은 갖춰야 한다. 일본인은 음악가라기보다는 미술가라고 한다. 특히 조형 미술에 대한 감각에서 민족 고유의 예리함이 있다는 것이다.[95]

한국 사람이 예술 분야에서 두각을 나타내는 쪽은 미술보다는 음악인 것 같다. 예로부터 가무음곡을 좋아하는 민족답게 조성진이나 임윤찬 같은 클래식부터 K-팝에 이르기까지 많은 음악 인재를 배출하고 있지만 미술, 특히 조각이나 도시 조형물 분야는 상대적으로 약하다.

사츠마의 두 영웅, 사이고와 오쿠보

내가 머물렀던 시로야마 호텔은 시로야마城山산 중턱에 있다. 호텔 내 노천 온천에서 맞은편 사쿠라지마의 활화산을 볼 수 있다. 호텔 셔틀이 거의 30분마다 중앙역과 시내를 연결해 준다. 그런데 워낙 큰 호텔이고 손님이 넘치다 보니 아침밥도 대형 홀에서 먹는데 마치 군대에라도 온 듯한 기분이 들었다. 이 호텔이 있는 시로야마城山산은 메이지 유신을 이끌었던 사이고 다카모리가 한때 동지였던 오쿠보 도시미치가 보낸 유신 정부군과 싸우다 생명을 마친 곳이다.

▲ 사이고 다카모리의 동상. 육군 대장의 제복을 입었다.

가고시마 도착 첫날 사이고 다카모리西郷隆盛와 오쿠보 도시미치大久保利通의 동상부터 찾아 나섰다. 해는 이미 넘어갔지만, 다음 날은 여기서 300km나 떨어진 나가사키를 다녀와야 했기에 부득이 밤거리로 나갔다. 사이고의 동상은 시립미술관 옆에 있었다. 도쿄의 우에노 공원에도 그가 애견을 데리고 있는 모습의 동상이 있지만 사이고의 부인과 가고시마 주민들이 마음에 들지 않아 해서 주민들의 성금으로 이 동상을 세우게 되었다고 한다. 사이고가 생전 거의 입지 않았다는 육군대장의 제복을 입고 있다. 이 동상은 가고시마의 유명 조각가 안도 테루安藤照의 작품이다. 여기 안내판에 쓰여 있는 내용을 인용해 본다.

"경천애인敬天愛人. 그는 메이지 혁명의 리더로서 특히 메이지 천황의 신임을 받았고, 신설된 천황 경비대 사령관인 육군 대장으로 임명되었다. 그는 청년 시절부터 농업 개혁론을 주장해 번주였던 시마즈 나리아키라를 감동하게 했고 그의 측근으로 활동한다. 나리아키라가 급사하자 그는 동반 자살을 기도하여 킨코베이 바닷물에 뛰어들었지만, 구사일생으로 목숨을 건진다. 이후 유배 생활을 하다가 오쿠보 도시미치와 의기투합하여 반막부파에 합류하였고 비밀협상에 참여하여 삿초 동맹을 이루어 낸다. 이어서 벌어진 막부군과의 보신 전쟁에서 막부군이 저항 없이 에도를 내어주도록 교섭하는 데 주역을 담당한다. 메이지 혁명이 성공하면서 폐번치현에 앞장섰고 이와쿠라 사절단의 해외 방문 중에는 국내에 남아서 루스정부留守政府를 전적으로 책임졌다. 유신 후 폐도령으로 무사들의 입지가 좁아지면서 사이고는 이를 해소할 겸 정한론(이 안내판에는 '겐칸遣韓사절'이라 표현하고 있다)을 주장하였다. 그러나 정한론은 받아들여지지 않고 여타의 혁명 주역들과 대립하게 되면서 그는 가고시마로 낙향하여 사숙을 설립하여 후진 양성에 매진한다. 1877년 사츠마의 사무라이들이 혁명 정부에 대하여 반란을 일으켜 세이난 전쟁이 나자, 반란군을 지휘하게 되었고 패퇴하면서 시로야마산에서 자결하여 생을 마쳤다."

▲ 오쿠보 도시미치의 동상

한때 사이고의 고향 친구이자 혁명 동지였지만 시세의 흐름을 피하지 않고 그가 지휘하는 반란군을 타도한 오쿠보 도시미치의 동상에도 가보았다. 안내판에 소개된 그의 신조는 〈위정청명, 이세이세이메이為政淸明〉이다. "정치가는 순수한 마음을 가져야 한다."라는 의미다. 영어로도 쓰여 있다. Statesmen should be of pure heart.

"그는 1863년 사츠에이 전쟁 직후 영국과 평화협정을 이끌어 내면서 일본의 고립을 끝냈다. 한때 천황과 막부가 힘을 합쳐 국난을 극복해야 한다는 공무합체론을 주장하였지만, 유배 중인 사이고를 돌아오게 하여 그와 함께 조슈와의 비밀협상을 주도하여 삿초

동맹을 추동하였고 막부 타도를 외치며 토바쿠討幕에 앞장섰다. 1868년 혁명 정부가 수립되자 1871년 번주의 땅과 사람을 천황에게 돌려주는 폐번치현과 판적봉환을 성사시켰다. 재무장관으로 토지세를 개정하고 이와쿠라 사절단으로 구미를 방문 후 돌아와서는 내무부를 신설, 내무장관이 되면서 혁명 정부의 가장 막강한 실권자가 되었다(일본에서 1885년 이토 히로부미가 첫 총리가 될 때까지는 내무장관이 메이지 치하 국내 권력의 최고 실권자였다). 그는 사이고 다카모리의 정한론을 누르고 일본이 국력을 충분히 길러 대내 문제가 안정될 때까지 해외 원정을 보류한다는 정책을 관철했다. 그래서인지 그는 일본의 비스마르크라고 불린다(비스마르크는 해외식민지 확장에 반대하였다). 친구 사이고가 일본 역사상 마지막 내란이라는 세이난 전쟁에 가담하자 정부군을 지휘하여 이를 진압하였지만, 그도 다음 해인 1878년 도쿄에서 친 사이고 사무라이들에게 살해당한다."

메이지 혁명을 물고 뜯고 반추해야 한다

조슈와 함께 일본 메이지 혁명의 발상지라 할 수 있는 이곳에서 과연 메이지 혁명은 무엇이던가? 라는 물음에 다시 한번 마주할 수 있었다. 나의 한 페이스북 친구는 우리가 일본 메이지 시대의 역동성을 돌아보고 물고, 뜯고 해봐야 한다고 했다.[96] 동의한다. 그들이 메이지 혁명으로 승리의 길로 나아갈 때 메이지 천황과 동갑인 고종 치하의 조선은 패자의 길을 걸었다. 메이지 혁명을 물고 뜯고 반추해야 할 충분한 당위성이 있지 않겠나.

메이지 혁명의 의의라면 당시 서양의 압박에 직면하여 천황을 중심으로 하는 단일 중앙집권국가 체제를 확립함으로써 쇄국 대신 개국을 택하여 세계열강으로 발돋움할 수 있는 국가 기초를 만들어 내었다는 것이다. 메이지 혁명은 도쿠가와 이에야스가 멸망시킨 도요토미 히데요시의 복수극인지도 모른다. 1600년 세키가하라 전투에서 패한 서군의 편에 섰던 사쓰마나 조슈 같은 도자마한外様藩들은 도쿠가와 막부 치하에서 변두리로 내몰렸고, 이들이 도쿠가와 막부를 쓰러뜨려 다시 권력의 전면으로 등장했다. 그래서 메이지 혁명의 본질은 쿠데타라 한다. 혁명은 나중에 왔을 뿐이다.[97] 하지만 국가의 위기에 처하여 천황을 앞세워 이를 극복한다는 대의가 있었기에 쿠데타는 성공할 수 있었고, 혁명으로 승화되었다.

충효보다 기리(의리)를 앞세우는 일본인

사쓰마의 사무라이들은 1609년 류큐 왕국(오키나와)을 정복하였고, 1862년 번주의 행렬에 끼어든 영국 상인을 베어버린 '나마무기 사건'을 일으켰다. 가고시마는 일본의 넬슨이라는 도고 헤이하치로東鄕平八郎 제독의 고향이기도 하다. 그는 1905년 대한해협에서 러시아 발틱함대를 격파하고 일러전쟁을 승리로 이끌었다. 추후 사쓰마 출신들이 일본 해군의 간성이 되었는데, 제2차 세계대전 시 조슈 출신들이 지배한 일본 육군과 대립하게 된다.

제2차 세계대전 개전 시, 그리고 종전 시 두 번이나 일본의 외무장관을 역임했던 도고 시게노리東鄕茂德도 이곳 사쓰마번 출신이다. 그는 정유재란 시 붙들려 온 도공 박평의의 후예로서 아버지 박수승 대까지 박씨 성을 유지하였다고 한다. 박평의는 명절이 되면 옥산궁에서 마을 사람들과 한국 땅을 향하여 제사를 지냈다. 옥산궁은 가고시마현 미야마美山에 있는 심수관 등 17개 성씨의 조선 도공들이 만든 단군 사당이다.[98] 시게노리는 직업 외교관으로 성장하여 주독일, 주소련 대사를 지냈고 외무장관이 되었다. 패전 막바지에 육군 수뇌부가 끝까지 항전을 주장하였지만, 그는 이에 반대하였고 천황을 움직여 늦게나마 항복을 관철했다.

《국화와 칼》을 쓴 루스 베네딕트 여사는 일본인의 기리義理에 대하여, 이것을 모르면 일본인의 행동을 이해할 수 없다고 했다. 기리는 충효와도 다른 것이며, 유교나 불교의 덕목도 아니라고 했다.[99] 세계적인 베스트셀러가 되었던 《무사도》를 쓴 니토베 이나조는 에도 중기의 경세가이자 무사인 하야시 시헤이林子平의 말을 빌려 '의'를 정의했다. 즉 "무언가 일을 함에 있어서 도리에 따라 주저함이 없이 결단을 내리는 힘, 이것이 정직이다. 죽어야 할 때 죽고, 베어야 할 때 베는 것이다."[100]

가고시마 사람들이 사이고 다카모리를 특별히 생각하는 발로가 바로 기리가 아닐까? 오쿠보 도시미치도 동향 출신으로서 메이지 유신에 처음부터 끝까지 몸 바친 사람이지만, 가고시마 사람들은 유신에 저항한 사이고를 더 좋아한다고 한다. 단순하게 말하자면 사이고는 메이지 천황에 대한 충성보다는 자기 고향 사츠마에 대한 기리를 앞세웠기 때문이다.

일본인들이 사랑하는 역사상의 인물은 주로 기리를 앞세운 비극적 영웅들이다. 쫓기는 주군 미나모토 요시쓰네에게 열렬한 기리를 보여준 벤케이弁慶(12세기 말), 그는 요시쓰네의 마지막 순간에, 온몸에 화살을 맞아가며 그를 지키려 했다. 고다이고 천황에게 기리를 다한 구노스키 마사시게(14세기 초), 그는 천하가 천황에게 등을 돌린 뒤에도 싸우다 죽으라 칙령을 내려 달라고 했다. 메이지 혁명의 심장, 요시다 쇼인은 제자들에게, "구노스키 마사시게는 한 줄의 시도 쓰지 않았지만, 그의 인생이야말로 어디에도 비길 바 없는 서사시가 되었다."라고 가르쳤다. 47인의 로닌(18세기 초)은 멸문지화를 무릅쓰고 주군의 복수를 감행하였다. 이 반열에 사이고 다카모리가 이름을 올렸다. 이들은 모두 오늘날까지 일본인들의 영웅이자 국민적 서사시가 되었다.

베네딕트 여사는 일본인의 기리를 자신의 명성에 대한 오점이 없도록 하는 의무로 보았다. 기리는 복수와 연결된다. 그런데 중국인이나 태국인, 인도인에게서는 이런 문화가 없다고 했다. 오히려 중국인은 모욕이나 비방에 대해 신경 쓰는 것을 소인배적인 행태로 본다고 한다.[101] 우리는 어느 쪽일까? 기독교에서는 한쪽 뺨을 맞으면 다른 쪽 뺨마저 내놓으라고 가르치지만 이게 과연 맞을까? 고리타분하게 보일지도 모르는 일본인의 기리 문화는 현대를 살아가는 한 인간으로서 재삼 새겨볼 만한 덕목이 아닌지.

⛩

쇄국 아닌 쇄국, 나가사키

　가고시마에서 나가사키로 가는 교통편이 꽤 번거롭다. 3월 27일 아침에 신칸센으로 가고시마 중앙역을 떠나 신토스新鳥栖, 타케오온센武雄温泉. 두 곳에서 기차를 갈아타고 2시간 40분 만에 나가사키長崎에 도착할 수 있었다. 규슈에서는 어딜 가든지 한국어로도 잘 안내되어 있다. 나가사키역 구내의 관광안내소에 들러 간단한 설명을 듣고 시내 전차 1일 승차권과 함께 데지마出島, 구라바엔Glover Garden, 그리고 나가사키 원폭자료관 3곳의 통합 입장권을 샀다. 전차 1일 승차권도 600엔을 주고 샀다. 우선 나가사키역에서 그리 멀지 않은 데지마부터 찾았다.

일본 내 유럽의 한 조각, 인공섬 '데지마'

　데지마는 길이 180m, 폭 60m 정도의 부채꼴 인공섬이다. 1636년 도쿠가와 막부가 천주교 포교를 막기 위하여 시내에 흩어져 살던 포르투갈인들을 한곳으로 모아 거주하도록 만들었다. 나가사키의 유력 상인 25명이 출자하였다. 하지만 이

133

▲ 왼편 다리는 데지마와 육지를 연결하는 유일한 통로였다.

듬해 일어난 천주교도들의 반란인 시마바라의 난으로 인하여 1639년부터 포르투갈인들의 내항이 금지되면서 1641년 히라도平戶의 네덜란드 동인도 회사 상관이 이곳으로 옮겨왔다.

　포르투갈, 스페인, 영국보다 나중에 일본에 온 네덜란드는 기독교 포교를 포기하였을 뿐 아니라, 오히려 기독교의 위험성을 막부에 주입했다. 시마바라의 난 때는 포르투갈의 배후 원조설을 퍼뜨리고 포르투갈이 일본을 식민지로 만들려고 한다는 위기감을 부추겨 일본과 무역을 독점하는 데 성공하였다.[102]

▲ 데지마 경내를 재현하였다.

이후 데지마는 막부 말기까지 200여 년 동안 일본과 유럽 간의 유일한 무역 통로이자 난학蘭學의 전파지로서 중요한 역할을 했다. 데지마는 '일본 내 유럽의 한 조각'이었다. 데지마는 임진왜란 후 기유약조로 조선이 일본에 허락하였던 교역 창구, 왜관과 비교된다. 이렇듯 역사적인 곳이지만 19세기 후반기부터 주변 하천의 매립 등으로 점차 그 부채꼴 모양의 원형을 잃게 되었다.

지금 데지마의 모습은 1951년부터 시작된 복원 사업에 따른 것이다. 현재 카피탄商館長 주택, 선장 주택, 취사실, 양곡 창고, 일본인 관리인 대기실 등 16채가 복원되어 19세기 초기 데지마의 모습을 재현하고 있다. 크리스마스 파티를 재현했고,

▲ 데지마 가옥 내부 재현 모습

선원들을 위한 당구대와 양곡 창고도 볼 수 있다. 동인도회사의 데지마 상주 인력
은 16~20명이었다고 한다.[103]

네덜란드 상인의 감옥, 데지마

일본인이 외국인을 다루는 솜씨는 가히 수준급이다. 외국인과 하인을 제일 잘
다룬다는 영국인을 뺨칠 정도다. 보초가 배치된 돌다리 하나가 데지마와 육지를
연결하는 유일한 통로였다. 이 다리는 복원 시 철제 다리로 만들었다. 네덜란드인
들은 특별 허가 없이는 이 다리를 건너 육지로 나올 수 없었다. 드물게 허용되는
외출은 대개 시내 유곽을 방문하기 위한 것이었다 한다. 종교 행사도 할 수 없었

고 무장도 허락되지 않았다. 인도와 자바에서 무자비한 실력 행사로 해상 거점을 구축해 온 네덜란드가 일본에 와서는 고분고분해진 것이다.

더욱이 데지마 내에는 일본인 관리자이자 감시자들이 상주해 있어 그들은 감옥살이하는 것이나 마찬가지였다. 네덜란드는 매년 데지마 임대료를 냈고 이 섬의 운영을 위해 투입된 70여 명의 일본인 인력의 소요 비용도 부담해야 했다. 일본은 약 20개 가문이 통역 업무를 담당케 했다. 네덜란드인들의 일본 사회 침투를 막기 위해 네덜란드인들이 일본어를 배우는 것을 권하지 않았고 일본어를 유창하게 하는 상관장은 이곳을 떠나야만 했다.[104]

데지마에 도착하는 네덜란드 선장은 유럽 사정 보고서를 제출하는 의무를 지녔고, 상관장은 해마다 쇼군을 알현하였다. 이러한 접촉으로 일본은 쇄국에도 불구, 서양 세계에 대한 정보를 입수할 수 있었다. 바로크 시대의 대여행가이자 독일인 최초의 일본학 대가로 불린 엥겔베르트 캠퍼Engelbert Kaempfer는 1690년 데지마에 왔고 에도까지 가서 5대 쇼군인 도쿠가와 쓰나요시를 알현하였다. 그는 일본이 데지마 상관을 유지한 목적이 교역보다는 외부 세계에 대한 정보 획득이라고 단언했다.[105] 당시 나가사키에서는 중국과의 교역이 더 활발했다. 1689년 도진야시키唐人屋敷라는 중국인 구역이 세워졌는데, 데지마의 2배 면적으로 설립 당시 4,888명의 중국인이 거주하였고 많을 때는 한 해에 약 200척의 중국 상선이 들어왔다고 한다.[106] 쇄국 아닌 쇄국이다.

조선 도공이 빚은 일본 도자기를 네덜란드 상인이 유럽에 팔았다

10여 년 전인가, 내가 독일 드레스덴의 츠빙거궁을 방문했을 때 전시된 일본의 도자기 컬렉션을 보고 깜짝 놀랐다. 일본 도자기의 전시 규모가 중국 것만큼 많은 데다 중국 도자기나 마이센과 견주어도 손색이 없을 정도의 수준으로 보였다. 일본 도자기는 20여 년 전 이스탄불의 톱카피 궁전에서도 보았는데 당시 유럽과 일본을 오가는 교역이 상당히 활발했음을 짐작할 수 있겠다. 네덜란드 무역선의 주요 상품이 된 일본의 청화백자는 조선의 도공들이 빚어낸 것이다.[107]

▲ 나가사키 짬뽕과 군만두

데지마를 본 후 인근의 조그만 중식당에서 나가사키 짬뽕과 군만두로 점심을 했다. 나가사키 짬뽕은 우리가 먹는 짬뽕의 원조라고 한다. 약간 싱거운 듯했지만 해산물의 깊은 풍미가 제대로 느껴졌다. 보통 일본 음식이 그렇듯이 원재료의 맛을 제대로 느낄 수 있었다. 한 그릇에 750엔이었다. 나가사키의 명물 카스텔라도 샀다. 버터기름을 사용하지 않아 담백하고 고소하다. 일본은 빵의 천국이다. 빵, 카스텔라, 덴푸라, 모두 포르투갈로부터 들여온 것이지만 수백 년 동안 일본인들이 발전시켜 왔다. 팥빵은 중국의 찐빵을 발전시켜 일본인이 만들었다고 한다.

메이지 혁명의 수훈자, 스코틀랜드 상인 토머스 글로버

▲ 구라바엔에서 내려다본 나가사키 시내

구라바엔은 스코틀랜드 무역상 토머스 글로버Thomas Glover의 저택과 정원을 보존한 곳이다. 마침 활짝 핀 벚꽃 나무들로 화사한 풍경이 연출되고 있었다. 해가 꽤 따갑게 느껴지는 날이었지만 나는 전차로 이시바시역 종점에서 내려 이곳까지 걸어 올라왔다.

1863년 건축된 토머스 글로버 주택은 일본 내 현존하는 가장 오래된 서양 건축물이다. 넓은 베란다로 둘러싸인 L자형 방갈로로 지붕 기와는 일본 기와 카와라, 벽은 전통 일본식으로 진흙으로 지어졌다. 내부 인테리어는 전형적인 유럽풍이다. 여기서 바다 건너편으로 미쓰비시 조선소가 내려다보인다. 토머스 글로버는 이곳

▲ 구라바엔 / 토마스 하우스

에서 조선소를 지휘, 감독했다.

　글로버는 일본의 근대사에서 매우 중요한 역할을 한 외국인이다. 21세 청년으로 1859년에 나가사키로 와서 무역업을 시작하였고 선박 수리소도 건설, 운영하였다. 1863년 이토 히로부미 등 조슈 5걸과 사츠마 청년 15명의 영국 유학을 주선하였다. 1867년 보신 전쟁 시에는 사츠마 편에서 무기와 군함을 공급하였는데, 이것은 막부 측이 영국 여왕에게 친서를 보내 항의할 정도로 막부에 대한 심각한 위협이었다. 하지만 사츠마 측에서 보자면 혁명의 수훈자였다. 그는 메이지 혁명이 성공하고 신정부가 들어서자, 기존의 친분 관계를 기반으로 군함 건조나 맥주 등

일본의 산업화에 적극적으로 참여하였다. 지금의 미쓰비시나 기린 맥주도 글로버
가 관여한 사업체들이다.

가톨릭 탄압의 신호탄이 쏘아 올려진 오우라 천주당

구로바엔에서 내려오다 만난 오우라大浦 천주당은 1863년 쇄국이 풀리면서 건
립된 일본에서 가장 오래된 성당이다. 1596년 겨울 도요토미 히데요시가 이곳 니
시자카 언덕에서 교토, 오사카 등지에서 체포해 온 프란치스코회 선교사와 일본
인 신자 26명을 처형하여 가톨릭 탄압의 신호탄을 쏘아 올렸다. 이곳에서 처형된
자들의 시체는 십자가 위에서 썩도록 방치하였다고 한다. 1862년 이들은 모두 성

▲ 오우라 천주당

인으로 시성되었고, 오우라 천주당은 '26인 성순교자 성당'으로도 불린다.

종교 문제는 사실 정치와 연결된다. 도요토미 히데요시는 처음에는 기독교를 자유롭게 전도할 수 있도록 하고 예수회에 세금과 부역을 면제하는 등 특권도 부여했다. 그런데 예수회가 나가사키를 교회령으로 만들고, 규슈에서 불교가 축출되기 시작했다. 당시 고토五島, 히라도平戶, 나가사키를 드나들던 서양 상인들은 일본인들을 수백 명씩 사들여 수족을 쇠사슬로 묶고 배 밑바닥에 싣고 다니며 거래했다. 도요토미 히데요시는 기독교에 본격적인 혐오감을 느끼기 시작했고 1596년 〈노예구매자 파문령〉을 내렸다. 일본의 가톨릭 포교 금지를 단순히 종교 박해로 볼 수 없는 부분이다.[108]

포르투갈인이 1543년 다네가시마種子島에서 총을 전하고 자비에르가 들어온 지 100년이 채 안 되어 포르투갈 선박의 일본 내항이 금지되었다. 이들은 가톨릭만 가져온 게 아니라 대포, 성병, 담배, 노예, 식민지화의 문제들도 함께 가져왔다.[109] 도쿠가와 이에야스도 기독교 선교사들을 식민지화의 첨병으로 보았다. 예수회의 일본 책임자였던 알렉산드르 발리냐노는 스페인 국왕의 명나라 식민지화 계획에 일본이 도움이 될 것이라는 편지를 마닐라의 스페인 총독에게 보내기도 했다.[110]

조선인 징용자의 감옥, 군함도

구라바엔에서 내려와 인근의 군함도軍艦島 디지털 박물관을 찾았다. 실제 군함도는 나가사키 항에서 남서쪽으로 약 19km 떨어진 앞바다에 있는 하시마端島섬이다. 이 섬은 남북으로 약 480m, 동서로 약 160m의 작은 해저 탄광 섬이다. 철근

▲ 군함도 모형

아파트가 늘어서 있는 모습이 마치 일본 군함 '도사土佐'와 닮았다 해서 군함섬으로 불린다. 여기서 1810년 무렵 석탄이 발견되어 소규모 채굴이 시작되었고 미쓰비시가 본격적인 해저 탄광으로 1974년 폐광 시까지 조업하였다. 해저 1,000m 아래까지 파고 들어갔고 이곳에서의 작업 조건은 기온 30도, 습도 95% 정도로 매우 열악한 조건이었다.

일본 정부는 이곳을 〈규슈 · 야마구치 근대화 산업유산〉으로 묶어 유네스코 문화유산으로 등재하였다. 유네스코 문화유산 등재 시 논의되었던 조선인 징용자들의 징용 작업의 실상을 소개하는 설명이나 안내는 이곳 박물관에서는 볼 수 없었다. 디지털 자료를 위주로 전시하는 곳임에도 입장료가 무척 비쌌다. 내 기억으론 1,800엔을 받았던 것 같다.

비운의 나가사키

▲ 나가사키에 떨어진 팻맨 모형

나가사키에서의 마지막 방문지는 원폭 자료관이었다. 구로바엔에서 전차를 타고 도심을 다시 가로질러 북쪽으로 올라갔다. 자료관에 들어서자마자 1945년 8월 9일 11시 2분에 멈춰버린 시계를 볼 수 있었다. 이 시계는 폭심지로부터 800m 떨어진 민가의 것이다. 자료관을 나와서 공원으로 내려갔다. 이곳이 바로 원자탄이 떨어진 폭심지爆心地다. 여기에 희생자 추모비가 서 있다. '팻맨Fat man'이라는 별명을 가진 20kt 플루토늄탄이 이 폭심지 상공 439m에서 터졌다. 14만 명이 죽었다. 팻맨은 히로시마에 떨어진 '리틀보이'보다 더 큰 위력을 가졌지만, 살상 규모는 20만 명이 죽은 히로시마보다 작았는데 인근의 산에 막혔기 때문이라고 한다. 일본에서 가장 먼저 기독교가 정착했던 나가사키가 기독교 문명권으로부터 원폭을 맞은 사실에 많은 일본인이 경악했다고 한다. 역사의 아이러니랄까.

이날 미군이 애초 계획했던 원폭 투하지는 고쿠라(북규슈)였다. 하지만 구름이 시야를 가려 현장에서 나가사키로 바꾸어 투하했다고 한다. 미군은 애초 원폭 투하지 중 하나로 교토를 유력한 후보지로 올려놓았다. 군수 공장들이 교토의 문화적 환경 속에 숨어 있었고 또 무엇보다 교토는 천년의 수도로서 일본인의 정신적 지주였다. 미군은 이런 교토에 타격을 가해서 일본인들의 항전 의지를 완전히 꺾어 전쟁을 조기 종결하여 전쟁 막판의 불필요한 희생자들을 줄이려 했다. 그러나 당시 헨리 스팀슨Henry Stimson 전쟁 장관의 반대로 교토에 대한 원폭 투하 계획은 백지화되었다. 스팀슨 장관은 교토에 원폭을 투하하면 미국이 전쟁에 승리하더라도 일본을 천 년의 적으로 만들 수 있음에 우려했다고 한다. 정유재란 시 신라의 고도 경주를 잿더미로 만든 왜군의 소행이 오버랩된다.

▲ 나가사키 원폭 폭심지의 희생자 위령비

한반도와 원폭

나가사키 원폭 희생자 중에는 1만여 명의 조선인 징용자들도 있다. 나는 희생자들을 위하여 잠깐 눈을 감고 묵념했다. 히로시마 원폭에 희생된 2만여 명으로 추산되는 히로시마 원폭 희생 조선인을 합하면 최소 3만여 명의 조선인이 희생되었다. 원자폭탄의 희생자 규모가 지구상에서 일본인 다음으로 한국인임을 새삼 생각하게 된다. 그런데 지금 우리를 위협하는 북한의 원자폭탄은 78년 전 이곳에 떨어진 것보다 훨씬 더 위력이 크다.

북핵 문제가 대두된 지 반세기가 넘었지만, 아직 아무런 출구가 보이지 않는다. 김정은은 방어 목적을 떠나 북한의 근본적인 이익이 침해될 때도 핵을 쓰겠다고 공언하였다. 이것은 푸틴이 우크라이나 전쟁에서 사용한 '핵강제nuclear coercion' 수법이다. 단순히 핵공포를 유발하여 소기의 목적을 이루려는 것인데 이러한 '핵강제'에만 그칠 것인지는 그 누구도 장담할 수 없다. 세계의 석학들은 제3차 세계대전의 유력한 후보지로 한반도를 꼽는다. 이 딜레마를 어떻게 대처해 나갈 것인가? 78년간 침묵을 지켜왔던 원자폭탄이 세 번째로 떨어질 곳이 과연 한반도란 말인가? 온몸이 얼음물을 뒤집어쓴 듯하다.

메이지 혁명이 태동한 땅, 하기

일본 여행을 시작한 지 11일 차, 3월 28일이다. 사츠마와 함께 메이지 혁명을 이끌었던 조슈로 향했다. 메이지 혁명 시 단행된 폐번치현으로 조슈번長州藩은 야마구치山口가 되었다. 가고시마에서 아침 9시 17분 신칸센으로 출발, 신야마구치新山口역에 도착하니 11시 20분이 되었다. 일본 도시 이름 앞에 '신新'이 붙은 역은 신칸센 정차를 위하여 새로 만든 역이다. 신칸센은 커브를 줄이고 최대한 직선으로 만들어야 하므로 도심까지 들어가지 못하고 인근 지역에 새 역을 만들었다. 신오사카新大阪, 신시모노세키新下關가 그렇다. 도쿄, 교토, 나고야에는 신역新驛이 없다.

일본 여행을 할 때는 신칸센을 타든지 아니면 도심에서 지하철을 탈 때 한자 지명을 잘 알아야 한다. 지명이나 인명의 한자 발음이 다양하여서 발음되는 이름만 알아서는 노선 안내도를 보고도 역 이름을 알기 어렵다. 노선 안내도에 한자로만 이름을 적어 놓는 경우가 많기 때문이다. 그래서 한자 이름을 보고 인식하는 게 빠르다. 내가 이 책에서 지명이나 인명에 한자를 병기하는 것도 그런 이유에서다. 동아시아는 한자 문명권이다. 일본과 대만은 우리와 같이 번자체를 사용하므로 한자 교육은 바로 효과를 볼 것이다. 한자가 표의문자이기 때문에 표음문자인 한글 전용에서 오는 약점을 보완해 준다.

신야마구치역 인근 숙소에 가방을 맡기고 조슈번의 수도였던 하기萩로 넘어갔다. 메이지 혁명 지사들을 배출한 요시다 쇼인의 쇼카손주쿠松下村宿부터 보기 위해서였다. 하기는 야마구치현의 북단, 동해 쪽에 있다. 신야마구치역에서 JR 지역 열차를 타고 야마구치역으로 가서 다시 JR 버스로 1시간여 산간 도로를 넘어가야 했다. JR 버스는 JR 열차가 연결되지 않는 구간을 버스로 연결해 주는데 JR 패스로 탈 수 있다. 독일이나 미국에도 똑같은 사정으로 독일연방철도DB나 암트랙에서 운영하는 버스가 있다. 오후에 하기에 도착하여 쇼카손주쿠와 조카마치城下町를 둘러보니 어느덧 어둠이 깔리기 시작했다.

존왕양이가 존왕토막으로

1853년 7월 페리 제독의 내항 이후 막부는 천황의 칙명을 어기고 미일수호통상조약을 체결하였다. 그런데 이것은 류큐, 시모노세키, 나가사키 등 이미 열린 항구를 갖고 있는 사츠마나 조슈, 도사 같은 일본 서남부 번들의 이익을 결정적으로 침해하는 일대 사건이었다. 막부가 개국하게 되면 이들이 누렸던 기존의 통상 이익이 사라져 버릴 터였다. 이들에게는 쇄국이 이익이었다.[111] 이에 존왕양이란 슬로건을 앞세우고 막부에 저항한다. 메이지 혁명의 발단이다. 메이지 혁명은 하늘과 땅을 뒤바꾸었다 한다. 하늘이었던 쇼군이 사라지고, 땅이었던 천황이 올라섰다.

조슈는 1862년 나마무기生麥 사건 이후 양이 정책의 강화에 따라 서양 함대의 포격에 취약한 항구 도시인 하기로부터 내륙인 야마구치로 수도를 옮겼다. 서양 세력에 대한 저항 의지를 엿볼 수 있는 대목이다. 하지만 조슈는 1864년 8월 서양 4개국 연합군과 시모노세키 전쟁에서 패하면서, 서양 세력에 대한 도전의 한계를 실감하게 되었다. 마찬가지로 사츠마도 1863년 7월 영국과의 전쟁(사츠에이 전쟁)에서 패배 후 영국에 협조적으로 돌아섰다. 1866년 조슈와 사츠마 간 삿초동맹이 성립할 즈음에는 종전의 존왕양이尊王攘夷 슬로건이 존왕토막尊王討幕으로 바뀌어져 있었다. 양이 대신 개국으로 돌아서, 도쿠가와 막부를 넘어뜨리고 토벌하겠다는 기치를 높게 든 것이다.

메이지 혁명의 정신적 뿌리, 요시다 쇼인

▲ 쇼카손주쿠

▲ 쇼카손주쿠 경내의 자립학습 현창비

    쇼카손주쿠는 에도 시대 중후반기에 유행했던 개인이 문하생을 모아서 가르치
는 사숙이다. 하기 시내버스 터미널 인근에서 메이린칸明倫館을 보았는데 이곳은
관립학교인 번교였다. 요시다 쇼인은 메이린칸의 병학 사범이었던 그의 양부인
작은아버지의 가업을 이어받아 일찍이 메이린칸에서 가르쳤고, 훗날 옥고를 치른
후 쇼카손주쿠를 세워 가르쳤다. 쇼카손주쿠 경내에 "배움이란 인간에게 무엇이
가장 가치가 있는 것인지, 그리고 어떻게 인생을 살아가야 하는지를 알아가는 것
이다."라는 요시다 쇼인의 가르침이 새겨진 돌이 있다. 그런데 쇼카손주쿠를 사숙
이라기보다는 일종의 정치 결사에 가까운 조직으로 보는 견해도 있다.[112]

▲ 쇼카손주쿠 강의실, 8첩 다다미방이다. 여기를 거쳐 간 인물들의 사진이 걸려 있다.

요시다 쇼인吉田松陰은 존왕파 사상가이자 교육자로서 메이지 일본의 정신적 뿌리라는 평가를 받는다. 그는 천하는 천황이 지배하고, 그 아래 만민은 평등하다고 했다. 정한론과 대동아 공영론을 주장해 일본의 제국주의에 큰 영향을 미쳤다. 그는 서구의 신문물을 직접 체험해야 한다며 인재의 해외 파견을 제안하였고, 그 자신 1854년 미일화친조약(가나가와神奈川조약) 체결 후 개항한 시모다下田항에 정박 중인 미 군함에 승선하여 밀항을 시도하려다 실패하고 투옥된다. 14개월간 옥살이 후 출옥한 그가 1855년부터 1858까지 3년간 쇼카손주쿠에서 교육한 조슈의 젊은 인재들은 혁명의 주역을 담당하게 된다.

쇼카손주쿠의 강의실 다다미방에 요시다 쇼인과 이곳을 거쳐 간 제자들의 사

▲ 요시다 쇼인 신사의 경내 안내판

진이 걸려 있다. 신사의 경내에는 요시다 쇼인과 그해 12간지와 같은 해 태어난 그의 제자를 그린 안내판이 서 있다. 이 안내판은 매년 바뀐다. 오른쪽에 요시다 쇼인이, 왼쪽에는 올해 2023년과 같은 토끼해인 1843년에 태어난 와타나베 고조가 그려져 있다. "행운을 빕니다開運招福."라는 문구도 함께 볼 수 있었다. 와타나베 고조는 영국에 유학, 조선 기술을 배운 후 초대 나가사키 조선 국장이 되었다. 1939년에 사망하여 요시다 쇼인의 제자 중 가장 늦게까지 살아서, 그의 '최후의 제자'로 불린다.

쇼카손주쿠에서 사숙한 이들은, 유신 3걸의 1인으로 메이지 정부의 대표적인 정한론자인 기도 다카요시木戸孝允, 조슈번 군사력의 핵심 지휘관이자 아베 총리가 존경한다는 다카스키 신사쿠高杉晋作, 메이지 정부의 초대 총리로 메이지 천황의 총애를 받았던 이토 히로부미伊藤博文, 제3대 총리이자 메이지 정부의 군대를 움직였던 야마가타 아리토모山縣有朋 등이다. 조선의 초대 총독 데라우치 마사타케寺内正毅나 명성황후 시해를 주도한 미우라 고로三浦梧郎는 조슈번 출신이기는 하나 쇼카손주쿠에서 배우지 않았다. 이들은 이토 히로부미 세대보다 열 살 정도 연하였다.

이토 히로부미와 야마가타 아리토모는 유신 정부에서 총리를 역임했는데 이들의 최종 학력이 쇼카손주쿠인 것은 예사로운 일이 아니다.[113] 이들은 막부 말기에 역사의 무대에 등장하여 뜻을 세우고 몸을 던져 혁명을 추동하였다. 당시 스승인 요시다 쇼인이 20대 중반에 불과했고 그의 제자들은 대부분 10대 중후반의 열혈

▲ 하기 조카마치 / 다카스키 신사쿠의 집이 있는 골목길이다.

소년이자 청년들이었다.

해가 뉘엿뉘엿 넘어갈 무렵 방문한 하기의 조카마치는 고즈넉해 보였다. 에도 시대의 지도를 그대로 쓸 정도로 당시 촌락이 잘 보존되어 있다고 한다. 몇 개의 골목을 다녔고 다카스키 신사쿠가 태어나고 살았던 집을 보게 되었다. 지금은 사람이 살지 않지만, 방문객들에게는 개방되어 있었다. 본채에 다카스키 신사쿠의 사진이 게시되어 있다. 당시 상급 무사의 집임에도 그렇게 크지는 않았고 잘 가꿔진 정원이 돋보였다. 그러고 보니 대부분의 일본 집에는 크든 작든 정성 들여 가꾼 예쁜 정원이 딸려 있다. 일본인들의 일상에서 정원은 생활의 일부인 듯하다. 부러운 일이다.

'기이한' 군대의 창설자, 다카스키 신사쿠

다카스키 신사쿠는 구사카 겐즈이久坂玄瑞와 함께 쇼인의 수제자로서 실제 조슈의 반막부 군사력을 지휘하여 혁명에 결정적 계기를 만들어 낸 인물이다. 23세 때 막부 시찰단의 일원으로 중국 상하이의 서양 조계지를 둘러보고, "서양인들은 길로 다니고, 중국인들은 그들에게 길을 양보해야 한다."라고, 토로하면서 서양의 침략에 강한 위기감을 느꼈다. 1864년 4개국 연합함대가 시모노세키를 공격하여 조슈가 항복했을 때는 강화조약의 정사로 교섭에 임하여 나라를 위기에서 구했다. 이때 이토 히로부미와 이노우에 가오루는 그의 통역으로 따라갔다.

▲ 하기 조카마치 동네 어귀에 세워진 다카스키 신사쿠의 동상

　그는 1863년 기혜이타이奇兵隊를 조직하여 조슈의 전군을 지휘하였고 1866년 2차 조슈정벌전쟁에서는 막부군의 함대 4척을 격침하기도 하였다. 그는 외교관이자 군인이었다. 기혜이타이는 일본 역사상 최초로 신분을 넘어선 사무라이와 평민의 혼성 군대였기에 '기이한' 군대라고 불렸고, 조슈의 핵심적인 군사 기반이 되어 막부 타도에 핵심적 역할을 하였다. 나폴레옹의 군대도 신분을 넘어선 시민의용군이었기에 무적 군대로서 유럽을 정복하지 않았나. 남자는 자신을 인정해 주는 사람에게 충성을 다하기 마련이다. 다카스키 신사쿠는 유신 전야에 스물아

홉의 젊은 나이로 병사하여 뜻을 펴지 못했다. 그는 조슈 기헤이타이의 본진이 있었던 시모노세키 요시다吉田에 묻혔다.

조슈의 실전형 지도자들이 막부를 이겼다

메이지 유신을 이끈 조슈의 인물들은 대부분 요시다 쇼인의 제자로서 그로부터 큰 영향을 받았다. 쇼인은 페리 제독의 함대에 올라 미국으로 밀항하려다 실패하고 고향 하기에서 감옥살이를 하는 1년이 채 안 되는 짧은 동안에도 《유수록》을 썼고, 약 550권의 책을 읽은 독서광이었다. 그는 공부하기 좋은 세 여가로 겨울, 밤, 비 오는 날을 꼽고, 7번 태어나도 국가(천황)의 적을 없앤다는 글귀를 매일 큰 소리로 읽으며 자신을 스스로 채찍질했다고 한다.[114]

동시에 양명학의 '지행합일知行合一'에 따라 "배운 것을 행동으로 옮겨야 한다"는 것을 제자들에게 강조했다. 그래서인지 메이지 유신을 이끈 지도자들은 실제 전투 경험을 쌓은, 비전과 행동을 겸비한 청년 지사들이었다. 그들은 공맹의 이데올로기에 파묻혀 현실과 유리된 채 묵거독좌默居獨坐 했던 조선의 선비들과는 전혀 다른 유형의 지도자들이었다.

세계의 흐름을 탄 메이지 혁명

이들은 바뀌어 가는 세계의 흐름 속에서 그 흐름의 방향을 자각하면서 메이지 유신이라는 혁명을 추동해 나갔다. 하기의 길거리에서 막말 메이지 시대 해외 유학자 사진전 홍보 포스터를 볼 수 있었다. 1863년 조슈번에서 영국으로 파견된 조슈 5걸(이노우에 가오루, 엔도 킨스케, 이노우에 마사루, 이토 히로부미, 야마오 요소우)의 사진이 눈에 띄었다.

▲ 하기 시내에 나붙은 '막말명치 해외도항자' 사진전 홍보 포스터

일본이 폐번치현을 통하여 봉건제를 일소하고 근대국가로 발돋움한 1871년은 유럽에서 비스마르크가 독일제국의 통일을 완수한 해이며, 한 해 전인 1870년에 이탈리아의 통일이 이루어졌다는 점은 메이지 혁명의 지도자들이 바로 이러한 세계의 흐름을 제대로 인식하고 있었음을 말해 준다.[115] 1873년 3월 이와쿠라 사절

단이 독일을 방문했을 때 그들은(이토 히로부미 포함) 비스마르크와 참모총장인 몰트케를 만났다.

요시다 쇼인은 나이 차이가 크지 않은 많은 제자를 끌어들일 정도로 스승으로서 매력이 넘쳤다고 한다. 이들은 서양을 배워 나라를 위기에서 구해야 한다는 쇼인의 가르침에 따라 서양의 조선, 무기 제조, 직조, 철도, 은행 등 모든 것을 받아들여 메이지 혁명 성공 후에도 계속 근대 일본의 국가 발전에 이바지하였다. 쇼인의 위패는 야스쿠니 신사에 신위 제1호로 모셔져 있다.

'서쪽의 교토' 야마구치를 가다

3월 29일, 여행 12일 차 아침이다. 신야마구치 호텔에서 나와 지역 열차로 야마구치로 갔다. 야마구치는 백제 성왕의 삼남인 임성태자를 시조로 자처하는 오우치大內 가문이 지배하던 지역으로서 교토를 모방하여 도시를 설계하고 교토 문화를 재현했다고 한다. 그래서 서쪽의 교토라는 의미의 서경西京으로도 불린다.

백제의 후손이 지배했던 야마구치, 한국과는 악연이 되었다

KBS 〈역사추적〉에서 백제의 후손 오우치 가문에 대한 탐사보도를 볼 수 있었다. 2009년 임성태자 45대 후손인 일본인 부부가 한국을 방문, 백제 왕릉을 참배하면서 너무 늦게 조상을 찾아뵈었다면서 눈물을 흘렸다. 지금도 야마구치에는 백제부라는 마을이 있고 백제부신사百濟部神社의 도리이는 백제로 가고 싶다는 듯이 바다 쪽을 향하고 있다. 임성태자를 모시는 절인 조호쿠사乘福寺도 있고 임성태자를 못 잊어 일본으로 합류한 그의 어머니인 성왕비를 기리는 카모신사도 있다. 오우치가의 족보에는 시조가 타타라多多良, 임성태자로 나와 있고 문헌자료에는 그

▲ 모리 저택 전시물 / 임진왜란 시 모리 데루모토毛利輝元가 끌고 온 조
선 도공 이경李敬의 작품으로서 "하기 사자"라는 이름을 붙였다.

가 제철 기술을 갖고 597년 구다마사 해안에 도착했음을 알리고 있다. 바로 이 백
제의 후손, 오우치 가문이 14세기 무로마치 막부 시대에 일본 서부를 호령하는 세
력가로 올라섰다.

 그러나 16세기 초까지 오우치 가문의 가신이었던 모리 모토나리毛利元就가 오우
치가를 몰아내고 16세기 중반에는 야마구치를 포함한 주고쿠中國(산요, 산인 지
방) 전체를 지배하는 다이묘로 부상하였다. 모리가는 임진왜란 시 조선에 가장 많
은 군대를 참전시킨 다이묘였다. 임진왜란 시에는 조선 출병 총 158,700의 군대
중, 모리 데루모토毛利輝元가 3만 군대를 참전시켰고,[116] 정유재란 때는 141,100 군
대 중 모리 히데모토가 삼만 군대를 출병시켰다.[117] 메이지 시대에는 요시다 쇼인
의 가르침하에 수많은 야마구치 출신 인사들이 조선 침략과 제국주의 일본의 건
설에 참여하였다. 이토 히로부미와 야마가타 아리토모가 그 대표적 인사다. 이렇
듯 일본 본토에서 한국에 가장 가까운 야마구치는 애초 백제인의 후손이 지배하
던 땅에서 한국 침략에 앞장서는 악연의 땅으로 변했다.

일본의 3대 파고다, 루리코지 오층탑

▲ 루리코지 오층탑

나는 오우치가에서 세운 루리코지溜璃光寺 오층탑을 보기 위하여 야마구치역에서부터 30여 분을 걸어갔다. 이 탑은 오우치 모리하루大內盛見가 그의 형 요시히로義弘를 기리기 위해 1442년에 세운 탑이다. 요시히로는 무로마치 중기 쇼군 요시미츠에 대항해 사카이에서 농성 중 패하여 사망하였다. 루리코지 오층탑은, 호류지, 그리고 교토의 다이고지醍醐寺 오층탑과 함께 일본의 3대 파고다로 간주한다. 마침 수리 중이라 탑의 하단부를 제대로 볼 수 없었지만, 우리가 봤던 다보탑이나 석가탑과 같은 석탑보다는 더 섬세한 목탑이다. 노송나무껍질 지붕의 곡선이 부드럽다.

일본 내 한국의 발자취는 구전과 함께 기록으로 남아 있다

도쿄의 서북쪽에는 고구려 사람들이 정착해서 세웠다는 고마향高麗鄕이란 도시가 있다. 멸망한 고구려의 마지막 왕이었던 보장왕의 아들인 약광왕若光王이 1,300년 전인 716년 일본으로 건너와 가나자와현 오이소에 상륙하여 지금의 고마향(지금은 히다카시日高로 개칭)에 고구려 도시를 만들었다. 여기에는 고구려 신사(지금은 다카쿠 신사)도 있고 약광왕의 일본 상륙을 재현하는 미후네 축제도 있다. 약광왕은 부처의 화신이라는 곤겐의 반열에 올랐다.

야마구치의 오우치 가문 이야기나 고마향의 약광왕 이야기가 그저 구전으로만 내려오는 것은 아니다. 일본 측 사료에 일일이 기록되어 있다. 그런데 왜 이런 역사가 우리에게는 기록이 없을까? 그들이 우리나라에선 '사라진' 존재지만 일본에서는 '나타난' 존재이기 때문이라는 관찰도 있지만, "한국 역사는 기록이 없는 5천년 문화다."라는 함석헌 선생의 비판에서 보듯이[118] 우리는 유독 기록에 약하다.

물론 조선왕조실록 같은 기록 문화에 자부심이 있지만, 기록 문화에선 일본이 우리보다 몇 발 앞선다. 일본에는 촌락마다, 사찰마다, 가계마다 풍부한 기록이 있다. 지금도 유서 깊은 집안의 장롱에는 무진장한 분량의 에도 시대 문서들이 잠자고 있다고 한다. 40~50년 전 한국에서도 선풍적 인기를 끌었던 야마오카 소하치山岡莊八의 대하소설《도쿠가와 이에야스》에서도 센고쿠 시대 각 전투의 양상은 물론 심지어 전투에 임하는 장수들의 발언이나 마음가짐까지도 기록한 사료를 인용하고 있는 것을 볼 수 있다.

호후 텐만구에서 학습의 신을 불러내다

▲ 루리코지 오층탑에서 야마구치역으로 가는 길에서 만난 벚꽃의 향연

▲ 호후 텐만구 입구

루리코지를 보고 나서 길가의 벚꽃 향연을 만끽하면서 다시 야마구치역으로 돌아왔다. 호후防府로 가는 JR 버스를 타기 위해서다. 호후에서는 텐만구天滿宮부터 찾았다. 학문의 신으로 추앙받는 스가와라노 미치자네菅原道眞를 모시는 텐만구는 일본 내 수천 개가 있다. 그중 호후 텐만구는 교토의 기타노北野 텐만구, 후쿠오카의 다자이후太宰府 텐만구와 함께 3대 텐만구다.

여기서 소원을 빌면 시험에 잘 붙는다는데, 불현듯 이곳에서는 나도 소원을 빌어보고 싶었다. 지금 내 나이에 합격을 기원할 일은 없지만, 어쩐지 여기선 그런 마음이 일어났다. 일본 사람들이 하는 대로 두 번 허리 숙여 인사를 하고 동전을 던진 후 손뼉을 두 번 쳐서 학습의 신이라는 가미를 불러내고선 다시 두 번 허리 숙여 인사하였다. 이즈모다이샤에서는 손뼉을 네 번 쳐야 한다. 절을 하고 동전을 던지고 손뼉을 치는 것은 가미의 관심을 끌고 가미에 공물을 바친 후 소원을 전하는 신도의 의식이다.

신도의 세계에서는 '새로운 시작'에 의미를 부여하고 가미의 축복을 받는다. 새해 첫날, 개업 첫날, 입주 첫날에 신사를 찾아서 의식을 치른다. 갓 태어난 아기를 위한 '하츠미야마이리'라는 의식도 있고, 그리고 인생의 새 출발이랄 수 있는 결혼식을 신사에서 하기도 한다. 신사에서 하는 전통 결혼식에서는 신랑, 신부는 기모노와 하카마를 입고 검은 홀을 든 사제의 인도에 따른다.[119]

주고쿠의 지배자, 모리 가문의 저택과 정원

텐만구에서 나오니 벌써 12시가 되어 점심시간이 되었다. 마침 신사 입구에서 눈에 띈 라멘 가게에 들어갔다. 탄탄멘이라는데, 중국 쓰촨성의 탄탄국수를 일본에서 재해석하여 만든 것이라 한다. 돼지고기 육수를 기본으로 고기와 고추기름이 들어가 약간 느끼하게 느껴지는 가락국수를 먹는 기분이었다. 식사 후 다시 30여 분을 걸어서 모리 씨 정원으로 갔다. 1916년 완공된 25,000평 규모의 정원이다. 꽤 크고 근사한 정원이다. 저택은 서원조의 화풍和風 건축 양식으로 설계되어 상, 하수도와 발전, 급탕 설비를 완비하고 수세식 화장실까지 갖춘 당시 최고의 저택이었다고 한다. 지금은 박물관으로 사용하고 있다.

모리 가문의 마지막 다이묘였던 모리 모토노리는 메이지 혁명에 기여한 공로로 공작 작위를 받았다. 모리 가문은 세키가하라 전투에서 도요토미 히데요시의

▲ 모리 씨 저택에서 내다보이는 정원

▲ 모리 씨 정원 안마당

서군 편에 섰던 만큼 동군의 총수 도쿠가와 가문의 에도 막부 타도에 누구보다도 앞장섰을 듯하다. 다시 호후역으로 40여 분을 걸어서 돌아와 시모노세키행 JR 기차를 탔다.

겐페이 전쟁의 최후 격전지 간몬해협

시모노세키역에서 내려 시내버스를 타고 가라토唐戶로 갔다. 시모노세키역에서 가라토로 가는 도로는 좌우에 해변과 산을 끼고 있어 부산과 비슷하다는 느낌이 들었다. 일본 시내버스는 데이 티켓 같은 승차권이 없더라도 내릴 때 동전을 내면 된다. 그러니 시내를 다닐 때 한두 번 정도 이용하기에 편하다.

▲ 아카마 신궁

▲ 혼슈와 규슈를 잇는 간몬대교

아카마 신궁赤間神宮은 8세 때 바다에 몸을 던져야 했던 안토쿠 천황을 기리는 신사다. 그는 겐페이 전쟁을 종결지었던 1185년 단노우라檀之浦 해전에서 외할머니의 품에 안겨 바다로 몸을 던졌다. 이때 외할머니는 "바다에도 왕궁이 있다."라고 천황을 위로했다고 한다. 단노우라 해전에서 승리한 미나모토 요리토모는 쇼군이 되어 일본 최초의 막부인 가마쿠라 막부를 세웠다. 역사적인 단노우라 해전의 무대는 혼슈와 규슈 사이에 놓여 있는 간몬關門해협이다. 양안 간 최단 거리는 600m밖에 되지 않는다. 그러니 혼슈는 규슈까지 그대로 연결된 하나의 땅이라는 생각도 든다. 일본 사람들이 초밥을 먹으러 멀리서도 온다는 가라토 시장은 문을 닫고 있었다. 알고 보니 이곳은 평일이 휴일이었다.

시모노세키 강화조약 회담장, 슌판로

아카마 신궁 바로 옆에는 일청전쟁 후 1895년 시모노세키 강화조약을 맺은 기념관이 있다. 당시 여관과 요정을 겸한 슌판로春帆樓다. 시모노세키 강화조약은 제1조에서 조선을 독립국으로 규정했다. 천 년 이상 지속되었던 대륙과 한반도 간의 관계가 일본의 힘으로 잘려 나간 일대 사건이었다. 유리로 둘러쳐진 당시 회의장을 찬찬히 보니 풍문으로 알려진 것과는 달리 일본 대표단의 단상을 높게 하여 청나라 대표단을 하대했다는 정황은 보이지 않았다. 다만, 평평한 회의장 바닥에 양측의 수석대표인 이토 히로부미와 리홍장이 앉았던 의자만 다른 대표단원의 의자보다 더 컸다.

▲ 일청전쟁 후 열린 강화회담 기념관, 슌판로

▲ 조선통신사 상륙기념비上陸淹留之地碑

　　리훙장은 강화회담 중 귀갓길에 한 일본인의 습격을 받았고, 그 후로 큰길 대신 산길로 다녔다. 그 산길이 지금 '리훙장의 길'로 관광 상품화되었다. 강화회담장 길 건너편에서 조선통신사 상륙기념비를 보았다. 김종필 총리(한일의원연맹 회장)가 이곳을 방문해서 세운 것이다. 조선의 선진 문물을 전해 주었다고 기록하고 있다. 조선통신사는 이곳에 상륙하여 지금 아카마 신궁의 자리에 있었던 아미다지阿彌陀寺에서 묵었다. 당시 시모노세키의 지명은 아카마가세키赤間關였다.[120] 오늘 만보기를 보니 지난 22일 도쿄 시내에서 고쿄 둘레길을 걸었던 날에 이어 두 번째로 3만 보 이상을 기록하였다.

⛩

교토를 다시 가다

　3월 30일, 여행 13일 차다. 내일은 아침에 간사이 공항으로 가서 귀국 비행기를 타야 하니 오늘이 사실상 여행 마지막 날이다. 아침 일찍 신야마구치역을 떠나 2시간이 채 안 되어 신오사카역에 도착했다. 역 인근의 호텔에 가방을 맡겨두고 다시 역으로 나와 교토로 가는 신칸센을 탔다. 지난번 패키지여행 때는 교외 쪽만 다녀서 교토 시내에는 발을 들여놓지 못했다. 오늘에야 교토를 제대로 볼 수 있다는 설렘으로 교토로 향했다.

　교토는 열흘 전과는 달리 벚꽃이 만개하였고 관광객들로 북새통이었다. 역 구내의 관광안내소에서 오늘의 목표인 니조성二條城, 금각사, 은각사를 어떻게 찾아갈지 설명을 듣고 지하철과 버스 일일승차권을 샀다. 여행할 때는 관광안내소부터 찾아가서 설명을 듣는 게 필수적이다. 설령 그 지역을 좀 안다고 하더라도 그렇게 하는 게 결국 시간과 노력을 덜어준다. 알고 있는 걸 묻더라도 다른 대답이

나오고, 그래서 또 배운다.

혼노지에서부터 꼬인 교토 답사

우선 전국 시대 일본을 최초로 통일한 오다 노부나가가 부하였던 아케치 미쓰히데明智光秀의 급습을 받아 자살한 역사의 현장인 혼노지本能寺를 찾아보기로 하고 교토역에서 그린선을 타고 가라스마마오이케烏丸御池 역에서 내렸다. 인근의 일본인에게 길을 물어보고 4~5블록을 걸어왔지만, 혼노지는 오리무중이어서 또 주변 사람들에게 물어보니 방향을 잘못 잡고 한참이나 걸어온 게 아닌가. 결국 혼노지는 포기하고 바로 니조성으로 갔다. "적은 혼노지에 있다."라는 말이 있지만 나의 교토 시내 답사는 혼노지에서부터 꼬였다.

천하 통일 마지막 승자의 등극을 알린 니조성

거의 40~50분 이상을 걸어와 니조성까지 왔는데, 입장권을 사려는 사람들 대기 줄이 보통 긴 게 아니다. 쇼군의 거소였던 니조성은 기대 이상이었다. 정문인 카라몬唐門의 화려함과 섬세함, 그리고 니노마루궁의 천장 조각이나 장벽화는 우리의 궁궐 건축 양식이나 문화와는 완전히 다른 것이었다. 니조성은 도쿠가와 이에야스가 전국을 통일한 직후인 1601년 서부의 영주들에게 축성을 지시하여 1603년에 완공하였다. 그는 지척에 있는 당시 천황이 살던 황궁보다 더 크고 아름다운 성을 지어서 자신이 새로운 권력자로 등극했음을 보여주려 했다.

▲ 니조성 카라몬

가문의 지위를 나타내는 대문

중세 당시 문의 형태는 지붕의 높이와 함께 그 가문의 지위를 나타냈다. 일본
에서 천황을 지칭하는 미카도御門라는 말도 "위엄 있는 문"이라는 의미다. 이 외에
도 폐하陛下, 전하殿下, 각하閣下라는 칭호도 모두 건축과 연관된 말들이다.[121] 니조
성 니노마루궁의 정문인 카라몬은 가장 높은 지위의 문이다. 카라몬의 앞과 뒤를
자세히 봐도 대체 어느 쪽이 앞이고 뒤인지 모르겠다. 오히려 니노마루 안쪽이 좀
더 화려해 보인다. 지붕은 노송나무껍질로 덮었다. 4개의 기둥에 장수를 의미하는
학, 송죽매가 조각되어 있고 사자 조각은 궁의 수호신이다. 우리 건축에서 저렇게
공들인 화려한 문을 본 적이 있는가?

▲ 니노마루궁

　니노마루궁의 조감도를 보면 6개의 건물이 마치 기러기 떼 형상으로 배치되어
있다. 완벽한 좌우 대칭보다는 약간 파격의 미를 추구하는 예술적인 감각이 돋보
인다. 이런 건물 배치는 중국이나 우리의 궁궐 건축에선 볼 수 없다. 고등학교 때
국어 선생님은 창덕여고생들이 빵떡모자를 약간 빼딱하게 쓰는 게 바로 파격의
미라고 가르쳤다. 사실 대칭의 부재, 혹은 비대칭의 강조는 일본 미술의 특징이며
이것이 뚜렷하게 나타나 있는 곳은 건축과 정원에서다.[122]

일본 건축과 디자인의 황금기, 모모야마 시대의 대표작 니노마루궁

　오다 노부나가와 도요토미 히데요시의 모모야마桃山 시대(1573~1603년)는 일
본 건축과 디자인의 황금기였다. 아즈치성安土城, 히메지성姫路城, 오사카성大阪城 등

많은 성이 축성되었고, 병풍이나 미닫이문 종이에 그림을 그린 장벽화障壁畵(또는 장병화障屛畵)나 후스마에襖繪로 방을 장식했다. 니노마루궁의 800여 개의 다다미가 깔린 33개의 방에도 장벽화가 3,600여 점이 있다. 크고 작은 쇼군의 접견실에는 소나무, 매, 호랑이 등 도쿠가와 가문의 위엄을 상징하는 그림과 사계절을 대표하는 꽃 그림이 금벽농채로 장식되어 있다.

모모야마 시대 권력자였던 오다 노부나가와 도요토미 히데요시는 가노 에이도쿠狩野永德의 호쾌한 화풍을 좋아했다. 니노마루궁의 장벽화는 그의 손자인 가노 단유狩野探幽와 그의 동생 가노 나오노부狩野尙信의 작품이다. 금박의 바탕 위에 큼직큼직하게 그려 넣은 장벽화가 그렇게 웅장하면서도 화사할 수가 없다. 절로 경탄

▲ 니노마루궁 정원

▲ 니조성, 니노마루궁을 둘러보는 관람객

을 자아낸다. 조선의 궁궐에서 느꼈던 약간의 침침함과 삭막함 같은 건 찾아볼 수 없었다. 궁 내부에서는 사진 촬영이 허락되지 않아 사진을 남기지 못해 아쉽다.

　이 장벽화들은 1626년 고미즈노오後水尾 천황의 행차에 맞추어 궁의 개축과 함께 그려졌다. 궁 내부의 그림들은 복제화이며 원본은 니조성 내 수장관에서 감상할 수 있다. 니노마루궁에 딸린 정원도 아름답다. 고보리 엔슈가 작정作庭했다. 정원의 중앙 연못에 배치된 봉래, 학, 거북을 나타내는 돌들이 인상적이다. 이 정원은 쇼군의 거소에서 바라볼 수 있도록 설계되었다.

1603년 천황의 명으로 쇼군이 된 이에야스는 이 성에서 다이묘들을 모아놓고 자신이 쇼군이 되었음을 알렸다. 그리고 정확히 264년 후에는 마지막 쇼군이었던 요시노부가 40개 번의 대표단에 국가 통치권을 천황에게 돌려주겠다는 대정봉환 大政奉還을 여기서 선포했다. 이 대정봉환의 역사 현장은 밀랍 인형으로 요시노부와 중신들이 앉아 있는 모습으로 재현되었다. 일본 번영의 기초가 된 도쿠가와 막부 시대가 여기서 시작하고, 또 여기서 끝났다.

무로마치 정치와 문화의 중심 무대였던 금각사

니조성에서 나와 금각사에 가려고 택시를 탔다. 사찰이 오후 5시까지만 입장객을 받기 때문에 금각사를 본 후 은각사까지 보려면 서둘러야 했다. 금각사와 은각사의 일본어 발음은 킨카쿠지와 긴카쿠지다. 혼동하기 쉬워 기사에게 재차 확인했다. 금각사의 정식 이름은 로쿠온지鹿苑寺이고, 은각사는 지쇼지慈照寺다. 금각사, 은각사는 무로마치 막부 시절 14세기 말과 15세기 중반기에 각각 조성되기 시작한 임제종에 속하는 선종 사찰이다.

무로마치 막부의 힘이 최고조에 달했던 3대 쇼군 아시카가 요시미츠足利義滿가 1397년 그의 저택으로 지었던 기타야마도노北山殿가 그의 사후 사리전이 되었다. 금각사의 출발이었다. 당시 요시미츠는 이곳에서 정무를 보았고, 천황을 초대하고 명나라의 사신을 이곳에서 맞았다. 꽃꽂이모임인 하나아와세가 열리기도 했다.

▲ 금각사 / 사리전, 1955년 재건되었다. 쿄고지鏡湖池 주위로 지천회유식 정원을 볼 수 있다.

금각(사리전)은 3층 누각으로 1층 아미타당은 헤이안 시대의 공가식公家式 침전
조 양식의 불당이며 3층의 구쿄초究竟頂는 무가적 선종 양식으로서 벽과 천장에 금
박을 입혔다. 1950년 화재로 소실되어 1955년 재건하였다. 3층 지붕 위의 청동 봉
황은 당시 화재에도 살아남았다. 쿄고지鏡湖池 가운데 배치된 두 개의 돌섬은 정원의
구심점이 되어 금각 1층의 아미타당과 대응하면서 정토 정원을 구현하고 있다.[123]

무로마치 시대(1333~1573년)에는 금각에서 보듯이 무가와 공가의 문화가 융
합되었고 선종의 영향이 뚜렷해지면서 정원, 건축, 회화에 소위 '와비, 사비'라는
간소하면서도 예스러운 단아함이 녹아들게 되었다. 건축에서는 서원조가 새로운

주택 양식으로, 정원에는 돌과 모래만으로 산수를 표현하는 가레산스이 양식의 석정이, 회화에는 본격적인 산수나 꽃과 새를 그린 수묵화가 나타났고, 노能와 차노유가 유행했다.

선의 정신이 살아 숨 쉬는 은각사

금각사를 본 후에는 버스를 타고 은각사로 이동했다. 은각사는 무로마치의 권력이 쇠약해진 8대 쇼군 아시카가 요시마사足利義政가 1482년 산장으로 조성한 히

▲ '와비 사비'의 단아함이 드러난 히가시야마 문화의 발상지, 은각사

▲ 도구도와 킨쿄치

가시야마도노東山殿가 그 시초가 되었다. 2층 누각인 은각 관음전의 1층은 침전조에서 서원조로 넘어가는 과도기 양식으로 요시마사의 서재였고, 2층은 관음보살이 모셔진 관음전으로 선종 양식이다. 은각은 금각보다 약 100년 후에 지어졌지만 금각보다 더 섬세한 스타일로 심미적인 문화의 상징이다.

은각의 동북쪽에 있는 도구도東求堂의 도진사이同仁齊는 요시마사의 서재로 서원조 건축 양식이다. 서원조는 건물의 외형보다는 내부의 특징에 착안한 건축 양식이다. 즉, 가라모노唐物나 꽃꽂이를 전시하기 위하여 방의 상좌에 바닥을 한 층 높여 만든 도코노마床の間와 층이 어긋난 선반인 치가이타나違い棚를 갖춘 정형적인

▲ 은각사 가레산스이 정원 / 고게쓰다이와 긴샤단

인테리어다. 여기서 열렸던 차 모임은 오늘날 다도 문화로 이어졌다.

어릴 때 쇼군의 자리에 오른 요시마사는 정무에 관심이 없고 자신의 후계 선정에서 결단력이 부족했기 때문에 1467년 오닌의 난을 불렀다. 오닌의 난은 수십만의 군대가 10년간 교토를 전쟁터로 격돌한 중세 최대의 전쟁이었다. 은각은 착공후 오닌의 난이 일어나면서 미완성인 채로 남았다. 은각에 은이 없는 이유라 한다.

그러나 금각과 달리 은각과 도구도는 훼손되지 않고 지금까지 그 원형을 보존하고 있다. 당시 서원조 주택이나 선종 양식의 사찰과 가레산스이 정원, 그리고 노와 다도에는 무가가 선호한 선禪의 정신이 짙게 배어 있다. 이것이 금각사와 은각사로 상징되는 기타야마 문화와 히가시야마 문화다. 은각의 동쪽 정면에 킨쿄치錦鏡池라는 연못을 끼고 있는 정원이 있다. 이 정원은 13세기 이끼 정원으로 유명한 사이호지西芳寺 정원을 모델로 했다.

존 카터 코벨 여사는 7세기 아스카강 언덕에 있는 한반도 도래인 소가 우마코의 집에 백제인이 설계한 정원으로부터 일본의 정원이 시작되었다고 했다. 그 정원의 특징이 바로 안마당에 돌을 넣고 연못을 파서 한가운데 작은 섬을 만들어 수미산의 서방정토를 재현한 것이다.[124] 당시 사실상의 아스카 대왕이었던 우마코의 집 정원을 미치코노 다쿠미라는 백제 장인이 만들었다 한다.[125] 지천회유식 정원의 구성 원리와 같다. 가레산스이 정원도 물 대신 모래를 사용했을 뿐, 그 구성 원리는 마찬가지다.

은각사의 정원은 주위 자연경관을 활용하여 산자락과 평지를 조화롭게 입체적으로 조성했다. 자연스레 돌과 물이 정원의 이끼, 화초, 수목들과 어우러져 있다. 여기에 가레산스이 양식의 흰 모래 고게쓰다이와 긴샤단이 더해졌다. 이 모래 정원은 '달의 정원'으로서 소동파가 노래한 중국 항저우의 서호에 비치는 달빛을 연상하여 만들어졌다. 일직선의 모래 줄 긴샤단銀沙灘은 호수의 파도를 표현하고 있으며, 원뿔꼴의 모래 더미 고게쓰다이向月臺는 여기에 부서지며 반사되는 달빛을 보면서 감흥을 자아내도록 했다.[126] 왠지 화려하게 반짝이는 금각보다는 은각의 은근한 아름다움에 더 마음이 쏠린다.

철학의 길에서 벚꽃 향기에 취하다

이번 일본 여행에서 처음 기념품을 샀다. 눈 덮인 은각과 단풍에 물든 은각을 그린 두 개의 마그넷이다. 은각사를 보고 나오면서 좁은 물길을 따라 벚꽃이 흐드러진 테츠가쿠노미치, 철학의 길을 만났다. 내가 마치 철학자가 된 듯한 기분으로 만개한 벚꽃의 향기에 취해 좁은 물길을 따라 1km 정도를 걸어 나왔다. 버스를 타고 다시 시내로 들어오니 어느덧 밤이 찾아왔다.

▲ 은각사로 가는 길에서 만난 벚꽃의 향연

오다 노부나가의 '메멘토 모리'

교토의 첫 일정으로 보려던 혼노지는 결국 못 가고 말았다. 날은 이미 저물었는데, 길 가던 행인에게 혼노지를 물어 찾아갔더니 혼노지가 아니라 혼간지였다. 그런데 나중에 알고 보니 혼노지 절은 이미 사라져 그 터만 남아 있다는 것이다. 그러니 혼노지를 찾는 게 쉽지 않을 수밖에….

승승장구하면서 일본 통일을 목전에 두었던 오다 노부나가. 그는 고작 2천 명의 군사로 적진에 뛰어들어 그의 영지를 침략한 3만 군대의 이마가와今川 대영주를 격파하였다. 바로 오케하자마 신화를 탄생시킨 귀장鬼將이었다. 하지만 믿었던 부하 아케치 미쓰히데에게 기습당해 혼노지에서 생명을 마칠 수밖에 없었다. 그는 정녕 인화에 실패한 지휘관이었나? 그가 첫 부인인 노히메를 맞은 혼례식에서 불렀다는 노의 아쓰모리敦盛 노래 한가락이다. '메멘토 모리'를 노래했다.

> "인생살이 50년, 돌고 도는 흐름 속에 덧없는 꿈이요 환영이로다. 한번 태어나 죽지 않는 자 그 어디 있으랴."

아케치 미쓰히데는 왜 혼노지에서 주군인 노부나가를 습격했는가? 이것은 "야마토국은 어디였는가?"와 "사카모토 료마를 암살한 진범은 누구인가?"라는 의문과 함께 일본 역사의 3대 의문이라고 한다. 원한설이나 야망설도 있지만 비도非道 저지설도 주장된다. 노부나가가 천황에 대한 무례를 저지르는 등 도리에 맞지 않는 행동을 했기 때문에 이를 막고자 했다는 것이다.[127] 조선, 일본, 명의 기록을 다 보고 1928년《수길일대와 임진록》을 쓴 현병주 작가에 따르면, 아케치 미쓰히데는 본래 글 읽는 사람이라 도덕을 가지게 되었으므로 난폭한 행위를 일삼는 주군 노부나가를 경원시하게 되었다고 한다. 그는 주인의 비위를 맞추려고 아첨하는 성질이 아니었고, 그래서 노부나가는 그의 다라지고 꼬장꼬장한 성미를 밉살맞게 여겨 부채로 뺨을 때리는 등 항상 모욕을 주었다 한다.[128]

교토역에서 신칸센으로 20분 만에 신오사카역에 도착, 숙소로 돌아왔다. 이날 나의 만보기에는 3만 보에 조금 못 미치는 2만 8,800보가 찍혔다. 다음 날 3월 31일 아침 신오사카역에서 메트로로 난바역까지 와서 다시 간사이 국제공항으로 왔고, 귀국행 아시아나 비행기에 올랐다. 나의 13박 14일 맨땅에 헤딩하기 일본 수학여행이 끝났다.

Amazing Japan!

日本

제 2 부

한·일 고대 관계사의 자취를 찾아서

▲ 호류지 중문 뒤에서 멀리 대강당을 바라보고 찍었다. 금당과 오층탑이 병렬로 섰다. 부처님의 사리를 봉안한
탑의 독점적 우위가 상실되었음을 보여준다.

작년 3월 일본 여행에서 일본 전역에 흩어져 있는 한국의 자취에 강한 호기심
이 발동했다. 지금도 일본에 남아 있는 "쿠다라나이"라는 말은 "백제가 아니다."
라는 말로서 "백제의 것이 아니면 시시하다."라는 의미라 한다. 고대 아스카의 4대
사찰로 백제대사(쿠다라오데라)가 있었고, 호류지에는 백제(쿠다라)관음상이 있
다. 신라 신사, 가야 신사, 한국(카라쿠니) 신사, 백제천(쿠다라가와), 조선산(조센
타케), 고려개(고마이누) 등등 일본에는 한국의 자취들이 끝도 없이 널려 있다.

　　작년 여행이 일본의 역사에 초점을 맞추었다면, 이번 여행의 테마는 한·일 간
고대 관계사였다. 1월 23일부터 2월 6일까지 14박 15일간 일본을 다녔다. 여행 경
로는 후쿠오카(다자이후), 가라츠, 히젠 나고야, 히로시마, 도모노우라, 사카이, 이
마이, 고야산, 요시노, 나라, 교토, 나고야, 마쓰에, 이즈모 그리고 다시 후쿠오카로
돌아와서 귀국하는 순서로 잡았다.

다자이후에 눈보라가 쳤다

1월 23일 12시 5분 후쿠오카 공항에 도착했다. 관부연락선을 탔던 조선의 '소프라노' 윤덕심의 애수를 연상해 보기 위해 애초에는 배를 타려 했는데, 부산에서 하룻밤을 자야 해서 다음 기회로 미룰 수밖에 없었다. 독일의 여성 작가인 마리 폰 분젠Marie von Bunsen은 1911년 일본 여행을 마치고 조선으로 가면서 관부연락선을 탔는데 똑같은 거리의 네덜란드에서 영국으로 가는 선편보다 훨씬 안락하고 서비스가 좋았다고 했다.[129]

후쿠오카가 워낙 따뜻한 곳이라 한국을 떠날 때 두꺼운 겨울 외투를 입어야 할지 망설였는데 입고 오길 잘했다. 오늘 아침 서울 기온이 영하 13도였다. 이곳도 생각보다 춥고 바람까지 드세다. 한국이 추우면 후쿠오카도 춥다고 한다. 지형상 북규슈 쪽이 한반도 기후의 영향을 많이 받기 때문이라는데, 한국에 미세먼지가 많으면 후쿠오카도 공기가 탁해진다고 한다.

▲ 다자이후 텐만구 입구, 눈보라가 그치지 않는다.

후쿠오카 공항은 마치 라스베이거스 공항처럼 도시 안에 공항이 있다. 공항으로부터 모든 거리가 짧다. 확실한 장점이다. 공항 인근의 숙소라 해서 예약을 했는데, 막상 와서 보니 국내선 쪽이라 국제선 청사에서는 걸어갈 수가 없었다. 택시를 타고 숙소로 와서 직원에게 물어보니 국제선과 국내선을 오가는 셔틀버스를 이용할 수 있다고 한다. 이번 여행에서 처음으로 이곳 무인 숙소를 잡아보았는데 낮에는 알바 같은 직원이 있어 편했다. 가방을 맡겨 놓고 공항 국내선 청사까지 걸어와서 셔틀로 다시 국제선 청사로 나왔다. 여기서 다자이후행 버스를 탔다. 추운 날인데도 노인들이 버스 탑승 안내를 도와주었다. 일본이나 미국에서는 노인들이 곳곳에서 일하는 모습을 볼 수 있다. 공항에서 가늘던 눈발이 다자이후太宰府에 내

▲ 다자이후 텐만구 본당, 수리 중이다.

려 텐만구天滿宮 참배로로 접어드니 갑자기 거세어졌다.

스와가라노 미치자네를 위로한 떡

헤이안 시대 우대신이었던 스와가라노 미치자네는 901년 다자이후로 유배된 후 2년 만에 죽었다. 그의 묘 위에 세워진 신사가 텐만구다. 양쪽으로 상가들이 늘어선 참배로를 지나니 입구부터 거뭇한 석조 도리이들이 나타났다. 타이코바시 다리 주위로 경내의 이끼 낀 거대한 녹나무들에서 세월의 연륜이 느껴진다. 지금의 건물은 1591년 세워졌는데, 수리 중이었다. 본당 앞 왼편 문밖으로 나가니 수령이 무려 1,500년이 넘는다는 '위대한 녹나무'를 볼 수 있었다.

텐만구에서 나와 참배로를 내려오다가 우메가에 모찌를 하나 사 먹었다. 한 노파가 불우한 시절을 보내고 있던 미치자네를 긍휼히 여겨 떡에 매화 가지를 곁들여 내놓았다는 모찌떡이 다자이후의 명물, 우메가에 모찌다. 매화는 미치자네가 사랑한 꽃이다. 미치자네는 헤이안 시절 서민에서 총리가 된 유일한 사람이다. 그래서인지 그는 공부의 신이 되었고, 그를 모시는 신사가 일본 전국에 수천 개가 있다. 그리고 그 많은 텐만구에는 어김없이 마당에 매화가 심어져 있다.

정약용의 전기를 보면 1801년 유배지인 강진에 도착한 정약용이 집집이 문을 두드려 도움을 요청하지만 아무도 반겨주지 않았는데 오직 어느 주막집 노파만이

▲ 간제온지 강당

그를 받아주어 그 집 골방에서 4년을 생활하였다 한다. 이곳이 지금 강진에 가면 볼 수 있는 사의재四宜齋다. 조선 시대에는 유배를 가면 동네 사람들이 도와주기는 커녕 접촉조차 피했다 한다. 화가 자신에게 미칠지 해서다. 불우해졌을 때 세상인심을 안다는 말은 지금도 틀리지 않는다.

"간제온지의 종소리 듣기만 하네"

삼십여 분을 걸어가 간제온지觀世音寺를 찾았다. 간제온지는 덴지 천황이 백제를 구원하기 위해 규슈까지 왔다가 사망한 어머니 사이메이齊明 여왕을 추모하기 위해 창건한 절이다. 고려의 충신 정몽주가 이곳을 찾아왔다고 한다. 그는 후쿠오카에 머물면서 "매화 핀 창가에 봄빛 이르고, 판잣집에서 뿌리는 빗소리 크다."라는 시를 썼고, 이 시는 많은 문인에게 회자하는 유명한 글귀가 되었다고 한다.[130]

이곳에는 7세기 말 아스카 시대에 주조된 범종이 있다. 이 범종은 698년 제작되었고, 교토의 묘진지妙心寺 범종과 같은 제작소에서 만들어진 '형제종'으로 알려져 있다. 이 두 종의 제작공인은 상, 하대의 당초문과 당좌의 연화문을 볼 때 신라계 이주민이라 한다.[131] 스와가라노 미치자네는 "간제온지의 종소리 듣기만 하네." 라는 글귀가 담긴 칠언율시를 남겼다.

가이단인戒檀院은 간제온지와 담장을 같이하는 그 부속 절이다. '가이단'이란 승려로서 지켜야 할 계율을 가르치는 곳이다. 도다이지에 가이단인을 설립하고 일본 율종을 창시한 당나라 고승 간진鑑眞이 753년 가고시마에 도착하여 이곳 가이단인을 거쳐 도다이지로 가서 계율을 가르쳤다 한다.

▲ 가이단인 본당

▲ 다자이후 정청 유적지의 3개 비석(메이지 시대 이후에 세워졌다)

다자이후는 신라 침공에 대비한 사령부였다

여기서 다시 10여 분을 걸어가 다자이후 정청 유적政廳跡을 찾았다. 일본은 백제가 멸망한 후 신라와 당나라의 침공에 대비하여 다자이후에 수성을 구축하고 남, 북 능선에도 산성을 쌓았다. 대마도의 가네다성 외에도 사누키와 야마토에도 산성을 쌓고 궁도를 해안에서 멀리 떨어진 비와호의 오미로 옮겼다. 이 모든 것이 백촌강 전투 패배 후 4년 만에 이루어졌으니, 당시 일본이 느낀 대외적 위기감이 어떠했는지 충분히 짐작이 가는 대목이다.[132] 일본서기에 "대마, 이키, 쓰쿠시筑紫 등에 사카모리防人(변방 경비를 위해 징발된 병사)와 봉수대를 두었다. 또 쓰쿠시에 큰 제방을 쌓고 물을 저장했다. 이것을 미즈키水城라 했다."라는 기록이 있다.[133]

8세기 초에는 다자이후를 세워 규슈 전체를 통할하고 방어하는 요충으로 삼았다. 신라의 침공에 대비한 사령부인 셈이다. 다자이후 전시관에 들렀다가 정청 유적지로 올라섰다. 다자이후 정청은 당시 최대의 지방 관청으로서 헤이안쿄, 헤이조쿄 다음으로 큰 규모였으며, 교토에서 멀리 떨어져 있는 조정이라는 의미로 '먼 조정'으로 불리었다. 지금 남아 있는 커다란 초석들이 그 옛날의 영화를 말해 주는 듯하다.

일본이 신라, 당나라와 국교를 재개하면서 다자이후가 외교적 역할을 맡기도 했는데, 이곳을 방문하는 신라와 중국의 사신들에게 국세를 과시하기 위해서 크게 지었다고도 한다. 9세기 들어 신라와의 교역이 활발해지면서 교역 장소가 8세기 헤이안쿄에서 다자이후로 바뀐다. 이를 상징하는 것이 후쿠오카의 고로칸 유적이다.[134] 다자이후 정청은 12세기 이후 중세로 접어들어 황폐해지면서 경작지로 전용되었다. 메이지 시대에 들어와 이곳을 보존하려는 동기에서 3개의 석비를 세웠고, 1960년대 말에 본격적인 정비 사업이 시작되었다.

악천후를 무릅쓰고, 가라츠,
나고야성으로 고고~

    1월 24일, 일본 여행 이틀째다. 후쿠오카에서 지하철로 시간 반 정도 걸리는 가라츠唐津로 가서 가라츠성, 구 가라츠은행과 다카토리高取 옛 저택을 둘러보았다. 그리고 도요토미 히데요시의 조선 침략 기지였던 나고야名護屋성을 찾았다. 눈이 오고 강풍이 부는 불순한 일기에 하루 일정을 마치고 후쿠오카 숙소에 돌아와 보니 오늘 걸음걸이가 2만 7천 보에 육박했다. 잔뜩 먹은 저녁에다 욕조에 몸을 담가 하루의 피로를 풀고 나니 잠이 막 밀려온다.

    가라츠를 한자로 쓰면 한국 충남의 당진과 똑같다. 글자 그대로 당나라로 가는 나루터다. 그런데 일본에서 '당唐'은 꼭 중국만이 아니라 한국을 가리키는 경우가 많다. 그래서인지 가라츠와 사가현에는 한반도 관련 유적들이 많다. 백제 무령왕의 탄생지라는 가카라시마加唐島도 가까이 있는 섬이다. 내가 가라츠를 간 것도 가카라시마에 가려고 했기 때문이었다.

일본의 선진적인 교통 문화

가라츠에 도착해 보니 오늘 기상 악화로 사가현의 모든 버스가 올 스톱이라 했다. 이게 무슨 청천벽력 같은 소린가. 새벽에 숙소를 나와 후쿠오카 공항역을 출발, 지하철로 치쿠첸마에바루에서 갈아타 가라츠역에 내린 후 얼어붙은 눈길을 걸어가 2시간여 천신만고 끝에 가라츠 버스센터까지 온 수고가 한 방에 무너지는 기분이었다. 내가 보기엔 그리 큰 눈도 아닌데 버스 운행을 전면 중지한다는 게 좀 아쉬웠다. 다행히 정오부터 눈이 그치면서 버스 운행이 재개되었다. 나중에 우동집에서 점심을 하면서 주인장에게 물어보니 작년에 가라츠에 눈이 온 날이 딱 하루뿐이었다고 한다. 그러니 오늘 같은 눈에도 호들갑을 떨 만도 하다.

그런데 사실 일본 사람들은 안전에 대하여 우리보다 훨씬 민감하다. 자연재해가 잦기도 하지만 여기에는 대충대충 하지 않는 문화와 남을 배려하는 마음이 자리 잡고 있기도 하다. 차를 모는 것도 살살 몰고 신호등 없는 건널목일지라도 사람이 나타나기만 하면 무조건 선다. 우리처럼 차로 들이대거나, 슬슬 접근하지도 않는다. 오늘 내가 좁은 시골길을 걷는데 마주 오던 차가 나를 아주 멀찌감치 피해서 지나갔다. 그 좁은 길에서 바깥쪽 바퀴가 도랑에 빠질 정도였다. 사람을 스치듯 지나가는 우리와는 다르다. 지하철역에서 계단으로 걸어가는 사람들도 꽤 많다. 우리는 계단으로 오가는 사람은 거의 없다. 심지어 뛰더라도 에스컬레이터에서 뛴다. 이건 반칙이다. 기계에도 무리일뿐더러 뛰려면 왜 계단으로 가지 않을까, 결국 걸음의 가성비를 높이려는 치졸한 이기심 때문이다.

춤추는 학, 가라츠성

오전 중 버스 운행 중단으로 계획에 없었던 가라츠성을 보았다. 가라츠성은 히데요시가 죽은 후 1602년부터 나고야성을 헐어 그 자재를 가져와서 지었다. 조선 침략의 전초기지였던 나고야성은 히데요시의 몰락과 함께 그의 오사카성과 마찬가지로 해체되는 운명이 되고 말았다. 가라츠성은 마치 모래사장에 날개를 펼친 학처럼 보인다고 해서 무학성舞鶴城으로도 불린다. 천수각에서는 멀리 니지노마쓰

▲ 가라츠성 / 춤추는 학처럼 보인다.

▲ 가라츠성 5층 전망대에서 내려다본 니지노마쓰바라 쪽 정경

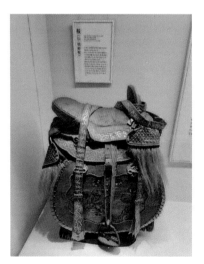
▲ 가라츠 성내에 전시된 조선 말안장. 신라 때부터
그 우수성이 인정되어 일본에 수출되었다.

바라虹の松原까지 시원하게 내려다보였다. 일본의 3대 송림이라는 니지노마쓰바라는 초대 번주였던 데라자와 시마노카미 히로타카가 17세기 초 식림한 것으로 폭 500m의 소나무 숲이 4.5km에 걸쳐 장관을 이룬다. 400년 전 니지노마쓰바라는 지도자의 혜안이 무척이나 중요하다는 점을 일깨워 준다. 아마도 박정희 대통령의 산림녹화 사업의 원조일지도 모른다.

▲ 가카라시마행 요부코 선착장 / 있어야 할 배가 없다.

눈보라가 그치고 해가 나오면서 버스 운행이 재개되었다. 가라츠에서 요부코呼子로 갔다. 혹시나 해서 가카라시마로 가는 배의 선착장까지 걸어가 보았지만 배없는 부두만 덩그러니 눈에 들어왔다. "울려고 내가 왔던가, 웃으려고 왔던가⋯." 선친께서 즐겨 부르던 고운봉의 〈선창〉 노랫가락을 흥얼거리며 돌아서야 했다. 다시 나고야성으로 가는 버스를 탔다.

조선 침략의 본진 히젠 나고야성

이곳의 나고야名護屋성은 주부中部의 나고야성과 구분하기 위하여 한자를 다르게 쓰고 히젠 나고야성이라고도 한다. 나고야성은 도요토미 히데요시의 지휘 아래 각 지역의 다이묘들이 군대를 이끌고 와서 조선 출병을 준비하던 군사기지다. 임진왜란 침공군의 본진인 셈이다. 히데요시의 재촉으로 전광석화처럼 불과 반년 만에 주요 공정을 마무리하였다고 한다. 한때 다이묘들의 진옥陣屋만 150채 이상이었고, 성 아래 조카 마치에는 20만 명이 운집해 있었다 한다. 성터만 남았지만 성벽의 거대 바윗돌에서 그 스케일이 느껴졌다.

▲ 나고야 성터

▲ 나고야 성터 천수각 자리에서 본 한반도 쪽 바다

천수대 쪽으로 올라서니 드문드문 초석들만 눈에 띌 뿐 그 예전 성시를 이루었을 모습은 보이지 않는다. 눈앞의 바다 건너 저편이 이들의 목표였던 한반도다. 이천 년 전 진구 왕후의 신라 원정군도 이곳 히젠에서 출발했던가.[135] 황량해진 천수각 터에서 왠지 〈황성옛터〉의 처량한 노랫가락이 떠올랐다. 돌고 도는 역사이며 인생무상이다. 그렇지만 히데요시가 이런 '굿판'을 벌이는 동안 조선은 잠만 자고 있었단 말인가. 히데요시는 침략 전 밀정을 한반도로 보내서 그 지형이며 민정을 염탐하였다. 일본은 정보의 끝판왕이라 할 수 있는 나라다. 일러전쟁 시에는 아프리카 남단의 희망봉까지 정보 장교를 보내서 러시아 극동함대의 기항 동향을 살폈다. 이스라엘의 모사드가 유명하다지만 사실 일본의 정보기관이 세계 최고라는 말이 있다. 우리가 일본과 정보 협력을 해서 밑질 건 없다.

성터 한복판에 도고 헤이하치로 제독이 썼다는 비석이 우뚝 솟아 있다. '나고야 성 성터비'다. 제국주의 일본이 한창 팽창해 나갈 무렵인 1930년에 그의 친필을 새겼다. 1933년에는 이곳을 방문한 하이쿠 시인 아오키 겟토靑木月斗의 〈태합이 바라본 바다의 안개인가〉라는 시비도 바닷가 쪽으로 서 있다. 태합은 도요토미 히데요시를 말한다. 조선 침략의 군사기지에 서 있는 이 비석들은 어떤 심사에서 비롯된 것인지 궁금하다.

▲ 나고야 성터의 헤이하치로 제독의 친필 비석

▲ 아오키 겟토의 1933년 시비 〈태합이 바라본 바다의 안개인가〉

나고야성 박물관은 일본 박물관인가, 한국 박물관인가

성터를 둘러보고 내려와 나고야성 박물관으로 갔다. 박물관 안내서를 보면 〈일본 열도와 조선 반도 간 교류사〉에 관한 유물의 상설 전시를 표방한다. 그런 만큼 온통 한반도 관련 기록이나 물건들로 꽉 차 있었다. 특히 임진왜란에 관한 것들이 집약적으로 전시되어 있다.《충무공 전서》도 보이고 거북선도 일본의 아타케부네 安宅船와 나란히 전시되어 있다. 내 기억으로는 한국에도 이런 박물관은 없는 것 같다. 우리 학생들도 이곳으로 수학여행을 온다고 한다. 좋은 일이다.

▲ 나고야성 박물관 / 거북선과 아타케부네

오늘 가라츠, 요부코, 나고야성을 버스로 오가면서 무료로 다녔다. 물어보니 1월 한 달 동안 수, 일요일은 사가현 내의 모든 공영, 민간 버스를 무료로 태워주는 '프리데이'라고 한다. 어디를 가든 공짜가 점점 더 많아지는 것 같다. 좋은 건가? 암튼 공짜 버스, 기분이 나쁘진 않다.

히로시마, 미야지마, 도모노우라

1월 25일, 일본 여행 3일 차다. 오늘도 아침 일찍부터 움직였다. 6시 36분 하카 타발 신칸센을 타고 1시간 남짓 달려 히로시마에 도착했다. 히로시마역 코인 로 커에 가방을 넣어두고 노면전차 히로덴을 타고 원폭돔이 있는 히로시마 평화추 모공원을 보고 나서 다시 히로덴으로 미야지마구치역까지 가서 JR 페리로 미야지 마宮島로 건너갔다.

히로시마는 생각보다 쾌적한 느낌을 주는 도시였다. 원폭 투하 후 재건된 도시 라서 그런가 보다. 제2차 세계대전 때 집중적으로 폭격을 받은 독일의 도시들도 다시 명품 도시로 재건되지 않았나. 그래서인지 독일의 도시들은 폭격받지 않은 프랑스의 도시들에 비해 좀 모던한 느낌이 든다.

히로시마 원폭돔

▲ 원폭돔

▲ 히로시마평화추모공원 박물관이 멀리 보인다. / 오른편에 평화의 연못과 횃불이 있다.

원폭돔은 1915년 건립된 히로시마 물산전시관이었다. 폭심지로부터 160m 떨어져 있는 이 뼈대만 앙상한 건물이 이젠 어느덧 예술이 되었다. 원폭으로 형해화된 건물을 그대로 보존하여 후대에 경고하고 평화를 지키자는 취지로 유네스코 세계유산으로 등재되었다. 이 과정에서 미국은 사실상 반대 의사를 표명했다고 한다. 히로시마 원폭 투하 전까지 일어났던 역사적 맥락 없이 자칫 원폭 피해만을 강조하는 듯한 세계문화유산 지정은 히로시마의 비극을 잘못 이해할 수 있다는 것이다. 수긍이 가는 대목이다.

나는 평화의 연못과 횃불이 있는 원폭 희생자 위령탑에서, 그리고 "한국인원폭

▲ 한국인 원폭 희생자 위령비

희생자위령비" 앞에서도 각각 짧은 묵념을 했다. 당시 조선인 체류자, 징용 근로자 등 조선인의 원폭 희생자가 전체 희생자 20만 명 중 10% 정도라 하니 작지 않은 규모다. 핵전쟁을 소재로 한 김진명 작가의 《무궁화꽃이 피었습니다》는 핵전쟁의 참혹성을 알리는 대신, 핵무기로 일본을 제압한다는 망상만을 불러일으켰다. 세계 유수의 안보전략연구소들이나 유발 하라리, 재레드 다이아몬드 같은 석학들이 지구상의 핵전쟁 위험에 대해 경고하고 있고, 그 가상 후보지로 한반도를 지목하고 있다. 실제로 북한 핵은 결코 우리의 상상 속에서만 머물러 있지 않으며 언제라도 우리 머리 위에 떨어질 수 있다.

일본의 3대 경승 미야지마

▲ 이쓰쿠시마 신사 도리이

▲ 이쓰쿠시마 신사

미야지마섬에는 6세기 말 세워진, 세 여신을 주신으로 모시는 이쓰쿠시마_{嚴島} 신사가 있다. 그래서 미야지마는 고대부터 신의 섬으로 여겨졌고 여기에 이쓰쿠시마 신사가 밀물과 썰물이 드나드는 해변에 세워졌다. 에메랄드빛 바다와 초록의 산, 그리고 붉은빛 래커 칠의 신전이 빚어내는 색의 대조와 조화가 확연하다. 지금의 신전 건물은 12세기에 타이라노 키요모리가 재건한 것이다.

신사를 둘러보고 마을 길을 거쳐 언덕 위로 올라가니 센조가쿠라는 큰 누각이 보인다. 센조가쿠는 천 개의 다다미 집이라는 의미다. 도요토미 히데요시가 자신

▲ 센조가쿠

▲ 미야지마 거리와 사슴들

의 편에서 싸우다 전사한 무장들의 혼을 위로하기 위하여 세웠다. 메이지 시대에
히데요시를 제사 지내는 도요쿠니 신사가 되었다.

　길거리 곳곳에서 한가로이 노니는 사슴들의 모습이 평화롭다. 1930년 4월 이
곳을 방문한 독일 여행가 리하르트 카츠Richard Katz는 자신의 기행문에서 이곳 미
야지마에서 신성하게 여겨지는 사슴들이 마치 자기 애견처럼 사람을 잘 따른다고
기록했다.[136] 90여 년 전 그가 본 사슴들은 내가 본 이 사슴들의 몇 대 조상이나 될
까? 미야지마는 야마노하시다테天橋立, 마쓰시마松島와 함께 17세기 주자학자 하야
시 라잔이 꼽은 일본의 3대 경승지다.

도모 막부의 개창지 도모노우라

JR 페리로 다시 미야지마구치역으로 나와서 이번에는 JR 열차로 히로시마역으로 돌아오니, 히로덴보다 훨씬 빠르다. 코인 로커에서 가방을 찾아서 다시 신칸센으로 후쿠야마福山로 왔고, 숙소에 가방을 놓고 나와서 역전에서 5번 버스를 탔다. 조선통신사의 기항지 도모노우라鞆の津를 찾기 위해서였다. 한적한 시골인 도모노우라는 조류의 흐름이 바뀌는 곳으로 오사카에서 밀물에 배를 띄우면 자연스레 도모노우라에 왔고, 또 여기서 썰물 때 배를 띄워 규슈로 쉽게 갔다. 그러기에 세토나이카이 내해를 항해하는 배는 반드시 도모노우라를 거쳐야 했다. 이렇듯 전략적 가치를 가진 항구로서 도모노우라는 예로부터 견당사나 견신라사의 기항지였으며 에도 시대에는 상선들이 들어오기 시작했고 조선통신사, 그리고 네덜란드의 상관장을 태운 배들이 드나들면서 국제적인 항구로 발전하였다.

도모노우라는 무로마치 막부와 기묘한 인연을 가진 곳이다. 무로마치 막부의 초대 쇼군 아시카가 다카우지가 이곳에서 정권을 수립하고, 또 마지막 쇼군 요시아키가 1573년 교토에서 쫓겨나 이곳에서 도모 막부鞆幕府를 개창하였다. 요시아키는 교토에서 쫓겨났지만 여전히 쇼군이었으며 모리 데루모토를 부副쇼군으로 정하고 막부를 지지하는 세력을 규합하여 아즈치성에 본거지를 둔 노부나가와 팽팽하게 맞섰다.[137] 그는 조정에 마음이 남은 아케치 미쓰히데와 공조하여 노부나가를 포위하는 계략을 세웠고 노부나가가 쓰러지면 도모노우라에서 교토로 복귀하여 무로마치 막부를 재흥하려고 계획했다.[138] 1582년 혼노지의 변으로 노부나가가 자결하였고 이후 교토로 복귀했지만 무로마치 막부의 재흥은 끝내 이루지 못했다.

▲ 조야토 등대 / 19세기 중반 일본에서 돌로 만든 제일 높은 등대다. 높이가 10m다.

조선통신사가 명명한 대조루(다이초루)

▲ 후쿠젠지 다이초루 입구

▲ 다이초루에서 보는 세토내해 / 벤텐지마의 파고다가 바다 건너 맞은편에 보인다.

10세기 이곳 바닷가 언덕에 지어진 후쿠젠지福禪寺로 올라갔다. 17세기 말 관음당과 연결하여 손님을 맞는 전각인 객전이 덧지어졌고, 에도 시대 내내 조선통신사가 올 때마다 이곳에 머물렀다. 이 객전이 훗날 다이초루對潮樓로 명명된다. 조선통신사들은 이곳에서 일본의 한학자들과

▲ 이방언의 글씨 일동제일형승

교류하였다. 1711년 조선통신사 상관 8명이 이곳을 방문하여 쓰시마에서 에도까지 통신사의 행로에서 이곳의 경치가 제일 미려하다는 의견을 나눈 후, 종사관 이방언이 "일동제일형승日東第一形勝"이란 글씨를 남겼다. 나중에는 이 글씨가 조선에서 유명해져서 통신사들이 이곳에 와서 이 글씨와 경치를 보는 것을 즐기게 되었다고 한다. 1748년 에도 방문 후 귀로에 후쿠젠지에서 숙박했던 정사 홍계희는 이곳을 다이초루라고 명명했고, 그를 수행해 왔던 아들 홍경해가 글씨를 썼다. 이것을 전해 들은 후쿠야마의 번주인 아베 마사요시阿部正福가 편액을 만들어 증정했다.[139]

다이초루에서 받은 한글로 된 안내장을 보니, 조선통신사의 배는 5척, 약 500명 정도의 선단이었다고 한다. 여기에 쓰시마번에서부터 약 500명이 수행하여 왔고, 이곳 후쿠야마번에서도 요리사와 급사 등 약 1,000명 정도가 동원되었다. 그래서 모두 2,000여 명의 사람들로 이 조그만 시골 마을이 붐볐다고 한다. 도모항의 선착장에서부터 숙소까지 가는 길에는 붉은 천과 왕대로 엮은 줄을 이어 다섯 걸음의 거리를 두고 장대에 연등을 달아서 밝게 하여 조선통신사 손님들을 맞이했다고 한다.

▲ 오타 가문의 집(구 나카무라 가문의 저택)

　　다이초루에서 나와 도모노우라의 골목 거리를 다니다 오타 가문의 집에 들렀
다. 오타 가문의 집太田家住宅은 에도 시대 후쿠야마번의 주요 인사들을 위한 숙소
겸 비즈니스 중심지였다. 에도 시대 말기인 18세기 중반 나카무라 가문이 도모노
우라의 특산품인 호메이슈保命酒 약술을 거래하였고 메이지 시대에 들어와 선박업
을 하는 오타 가문이 인수하였다. 주택은 모두 9채이며 여기에는 호메이슈를 포
함한 다양한 주류를 만드는 양조장이 딸려 있다. 이 호메이슈는 페리 제독 일행의
접대에도 쓰였다고 한다.

백제식 가람의 시텐노지를 가다

1월 26일, 여행 4일 차다. 아침 7시 8분 신칸센으로 후쿠야마를 출발, 8시 10분에 신오사카에 도착했다. 작년 3월에는 사 왔던 JR 패스로는 노조미호를 타지 못했다. 그런데 이번에 사 온 '산요산인북규슈 JR 패스'로는 노조미호를 포함, 모든 산요신칸센과 북규슈신칸센을 탈 수 있다. 몇 번 다녀보니 이제는 예약 없이 자유석으로 타는 게 편하다. 승객이 많으면 서서 가야 하는데 지금까지 그런 일은 없었다. 보통 18량으로 운영되는 신칸센은 그중 3량이 자유석으로 운영된다. 차편이 워낙 촘촘해서 언제 역에 나가도 아침 시간대에는 거의 10~20분 만에 신칸센 열차를 탈 수 있다. 신칸센으로 오사카로 오면서 차창 왼편 멀리 히메지성을 볼 수 있었다.

백제식 가람의 시텐노지

신오사카역에서 JR 열차로 오사카역으로 와서 환상선을 타고 텐노지역에서 내렸다. 텐노지역 코인 로커에 가방을 넣어두고 시텐노지四天王寺를 찾아 나섰다. 역에서 나와 20여 분을 걸어가서 서쪽의 석조 도리이 쪽에서 시텐노지로 들어갔다. 시텐노지는 6세기 말 건립되었다. 소가 씨와 모노노베 씨 간의 목숨을 건 싸움이 끝난 직후였다. 그 건축 시기가 호류지보다 앞서지만 여러 차례 소실되어 중건되면서 옛 원형을 잃어버렸다. 내가 보기에도 그리 오래된 고찰처럼 보이진 않았다.

▲ 시텐노지 석조 도리이, 뒤로 극락문이 보인다.

아스카 시대의 사원들은 '일사일족—寺—族'의 원칙이 적용되는 씨족 불교 중심이었으나 7세기 후반 하쿠호 시대로 접어들면서 국가불교로 변천하게 된다. 이카루가의 호류지나 이곳 나니와難波의 시텐노지도 씨사로 출발했으나 시간이 흐르면서 빈부귀천과 국적도 초월한 '일체중생의 사찰'로 환골탈태하였다.[140] 쇼토쿠 태자는 대승 불교의 기본 이념인 중생 구제에 주안점을 두고 시텐노지에 4개의 부속 사원인 시카인四箇院을 두었다. 지금까지 이런 전통이 면면히 내려오고 있어 시텐노지는 시대를 초월한 '태자 신앙'의 성지가 되었다. 그는 일본 불교에 있어 로마 제국의 콘스탄틴 대제와도 같은 인물이다.

▲ 시텐노지 금당

▲ 시텐노지 / 서쪽에서 바라보니 금당과 오층탑이 일렬로 서 있다.

　전후 일본의 저명한 문화 비평가인 가토 슈이치加藤周一는 시텐노지가 백제와 신라의 사원을 모델로 지어졌다고 했다.[141] 존 카터 코벨 여사는 아스카데라 건축에 참여한 백제 장인들이 시텐노지도 지었을 것이라 한다. 시텐노지는 백제 정림사지의 일탑일금당식 가람 배치를 보여준다. 남북을 축으로 중문(인왕문), 오층탑, 금당, 강당을 일직선으로 배치하고 이것을 회랑이 둘러싸고 있다. 나는 서쪽 도리이로 들어와서 처음에는 이런 가람 배치를 잘 알 수 없었다. 남대문, 인왕문을 거쳐 들어와야 금방 알 수 있다. 그런데 시텐노지에서 주는 안내문을 보면 이것을 일본에서 가장 오래된 '사천왕사식 가람'으로 소개하고 있다. 백제에 대한 언급은 없다. 금당 벽화가 특이했는데, 이것도 백제의 화공들이 그린 것이라 한다. 부처가 인도에서 설법하는 그림으로서 배경이 인도인 만큼 매우 이국적으로 느껴졌다.

시텐노지를 나와서 오사카 시립미술관에 갔지만 아쉽게도 공사 중이었다. 숙소가 있는 사카이로 가기 위하여 다시 텐노지역으로 가는데 작년 3월에 갔던 아베노 하루카스 마천루가 보였다. 주위엔 동물원에 가는 젊은이들이 많이 눈에 띄었다. 이번 여행에서 처음으로 카페에 들른 후 JR 열차로 사카이堺로 왔다. 사카이는 15세기부터 조선의 도자기와 호랑이 가죽 등 고가품의 교역으로 번성한 상인의 도시였다.

공개를 거부하는 일본 고분

숙소에 가방을 맡겨두고 다이센 고분을 보러 나섰다. 다이센 고분은 닌토쿠仁德 왕릉으로 추정되는데 경내로 입장을 허락하지 않는다. 담장 밖까지 가서 볼 수는 있겠지만 큰 의미가 없다. 사카이 시청 21층 전망대에서 이 고분을 내려다볼 수 있다고 해서 그리로 갔다. 하지만 여기서도 고분군의 검푸른 숲만 멀리서 보일 뿐이었다. 사카이 시청사에는 "닌토쿠 천황의 도시 사카이"라는 현판이 벽에 걸려 있었다. 역사적인 현장임을 강조하는 취지로 보이는데, 왜 고분을 공개하지 않을까.

일본 열도에는 모두 16만 기의 고분이 있다. 이 중 고대 일본의 정치, 문화의 중심지였던 오사카 평야에 왕들의 큰 무덤들이 집중되어 있다. 사카이 쪽에 다이센 고분을 포함한 모즈百舌鳥 고분군이, 내륙으로 좀 들어가서 나라 쪽에 후루이치古市 고분군이 있다. 이들 고분이 축조된 시기는 조몬, 야요이 시대를 지나 대륙의 통치 시스템이나 불교가 유입되기 전이었던 4~5세기경이다. 오사카 평야는 당시 한반도와 교류한 중심 지역으로서 한반도 고분에서 나타나는 열쇠 구멍 모양의 전형적인 전방후원분 형태를 띠고 있다. 관이나 석실을 흙으로 덮은 세계 여러 곳의

▲ 사카이시 청사에서 내려다본 모즈, 후루이치 고분군

여느 고분들과는 다르다. 장례 의식 무대로서 기하학적으로 정교한 디자인을 가진 건축물이다. 닌토쿠 왕릉은 그 길이가 500m에 육박하여 중국의 진시 왕릉보다 크다.

최재석 교수는 닌토쿠 왕릉, 오진應神의 묘, 다카마쓰, 후지노키 고분의 부장품은 모두 일본 원주민 추장의 것이 아니라 고대 한국인의 것이라며 대부분의 일본 고고학자가 이런 사실을 왜곡하는 것은 고대 한국인이 일본 열도에 이주하여 개척하고 국가를 세운 자취가 고고학적 유물로 남아 있기 때문일 것이라고 주장한다.[142]

그러나 부장품이 한국의 것이라 해서 그 묘제가 꼭 한국으로부터 유래한다고 단정 지을 수는 없을 듯하다. 마고사키 우케루孫崎享 대사는 그의 책《日本國の正体》에서 경북대 박천수 교수의 주장을 인용하여 일본의 전방후원분은 야요이 시대의 분구묘墳丘墓로부터 진화하여 3세기 중엽에 일본 열도에 출현한 반면, 한국 영산강 유역의 전방후원분이 6세기 전반에 조영된 사실은 이 전방후원분의 기원이 일본 열도라는 것을 말해 준다고 쓰고 있다.[143]

오후에는 가시하라橿原로 갔다. 일본의 천신강림 신화에 따르면 아마테라스의 손자 니니기가 규슈로 내려왔고 그의 증손 이와레가 동진하여 가시하라까지 와서 야마토 왕조의 첫 왕으로 등극했으니, 그가 바로 진무왕이다. 야마토 왕국의 후지와라 궁터가 인근에 있지만 오늘은 이마이초가 목적지다. 사카이에서 난카이南海선 열차를 타고 오사카 난바역으로 가서 킨데츠近鐵선으로 갈아타는데 쉽지 않았다. 광역 오사카에는 모두 6개의 사철私鐵이 있다. 그만큼 환승이 복잡하다. 가시하라에는 가시하라역이 없고, 대신 야마토야기大和八木역이 있다.

바다의 사카이, 육지의 이마이

야마토야기역에서 남쪽으로 걸어 내려가면서 이마이를 찾아가는데, 동네 입구를 찾기가 쉽지 않았다. 행인에게 길을 물어 겨우 찾아갔다. 허름하게 차려입은 노인이 뜻밖에도 영어를 잘했다. 16세기부터 형성되기 시작한 이마이는 일본에서 고옥이 가장 많이 보존된 동네다. 항구인 사카이와 나라를 잇는 가도상에서 물류의 중심지로 번영한 상인의 도시다. "바다의 사카이堺, 육지의 이마이今井"로 불리었다.[144]

▲ 이마이초 고옥

▲ 이마이초 고옥식당

사카이는 16세기 들어 과거 효고와 나니와를 대체하여 새롭게 발전한 무역항으로 통일을 꿈꾸는 오다 노부나가가 탐을 낼 정도였다. 이마이는 에도 시대에는 금융업으로 부를 쌓았는데, "야마토의 돈은 이마이에 7할이 있다."라는 말이 있을 정도였다.[145] 600m×310m 크기의 조그만 땅에 760여 채의 가옥이 있는데 그중에 80%가 에도 시대 이전에 지어진 고옥이다.

이마이초만 둘러보려 했는데 시간이 남아 가시하라 신궁까지 갔다. 일본의 첫 왕으로 등장한 진무神武가 규슈의 미야자키에서 동쪽으로 와서 우네비야마의 동남쪽 가시하라의 땅에 궁전을 짓고 즉위하였다는 곳이다. 가시하라는 "일본 건국

▲ 가시하라 신궁의 대형 도리이 / 멀리 사람이 조그맣게 보인다.

의 땅"임을 자처한다. 가시하라 신궁은 메이지 시대에 국가 신도화 사업의 일환으로 세웠다. 이세 신궁과 마찬가지로 신사 중 가장 격이 높은 신궁이다. 입구의 도리이부터 규모가 크다. 외관만 둘러보고 발길을 돌렸다. 메이지 시대 초기에 각 신사에 사격社格을 부여하였다. 아마테라스와 역대 왕을 신체로 하는 곳은 신궁神宮, 왕족을 모시는 곳은 궁宮, 그 외는 대, 중, 소의 사격을 부여했다. 신궁은 국가에서 소유하고 직접 운영한다.

애쓰는 모습이 보이는 일본 철도 역무원

가시하라진구마에역에서 열차를 타고 야마토야기역으로 가서 오사카 난바역을 거쳐 사카이로 돌아왔다. 오늘은 신칸센, JR 보통열차와 특급열차, 그리고 사철까지 여러 번 번갈아 탔다. 오사카 난바역이나 도쿄역에 가보면 정말 세계에서 가장 큰 인파가 몰려다니는 곳이라는 생각이 든다. 그런 엄청난 승객 수요를 감당하는 일본 철도의 운송 처리 능력이 대단하다.

일본은 세계에서 드물게 아직도 열차를 타기 전에 티켓 검표를 하는 나라다. 신칸센은 물론 지하철까지 개찰구에는 항상 역무원이 지켜보고 있고 열차의 도착, 출발 시에는 기관사나 역무원이 플랫폼에서 승객의 승하차를 꼭 육안으로 확인한다. 안전도가 매우 높고, 부정 승차는 대단히 어려울 것 같다. 우리나라 철도나 지하철을 타보면 플랫폼에서 현장을 확인하는 기관사나 역무원은 찾아보기 힘들다. 일본 철도보다 자동화가 더 잘 되어 있어서일까? 철도 직원의 일하는 모습이 한, 일 간에 매우 대조적이다.

불교 성지 고야산에 가다

　1월 27일, 일본 여행 5일 차다. 오늘은 좀 게으름을 부려 9시 반에서야 사카이히가시역에서 고야산행 열차를 탔다. 열차가 표고 72m의 하시모토역에서부터 좀 가파르게 올라간다. 이 열차의 종점이 극락교란 이름의 고쿠라쿠바시極樂橋역이다. 여기에 실제로 극락교가 있고, 이 다

▲ 고쿠라바시역(극락교역)에서 케이블카로 갈아 타고 고야산역으로 향한다.

리를 건너면서 고야산의 불교 성역이 시작된다. 케이블카로 갈아타고 고야산역에 내리니 주위가 온통 눈밭이다. 버스를 타고 숙소인 렌게조인蓮華定院에 도착했다. 그럭저럭 사카이에서 2시간 정도가 걸렸다.

　고야산은 일본 진언종의 총본산인 콘고부지金剛峯寺가 있는 불교도시다. 고야산 전체가 콘고부지라는 사찰의 경내, 즉 일산경내지一山境內地다. 고야산은 본디 고려

산이라는 의미의 코마노야마였다고 한다. 9세기 초 당나라에서 밀교를 체득해 온 구카이空海(코보 다이시弘法大師)가 고야산으로 들어와 종래의 경전 연구를 중심으로 한 학문적 불교와는 달리 실천을 중시하고 국가, 사회의 안태를 지향하는 진언종을 창시하였다.

진언종은 사이초最澄가 개산한 히에이잔의 천태종과 함께 구불교의 양대 산맥이다. 밀교는 사제 간 전언을 통하여 가르침을 전달하는 수행 방식을 취한다. 고야산에만 118개의 절이 있고 51개 사찰에서 참배객들에게 숙방을 제공한다. 불교식 장례를 치르는 일본의 전통에 따라 20만 기가 넘는 묘를 갖고 있는 오쿠노인奧の院도 여기에 있다. 그러니 고야산은 산 자의 마음과 죽은 자의 영혼을 함께 달래고 치유하는 안식처라 하겠다. 숙소에 가방을 맡겨 놓고 가장 먼 오쿠노인부터 찾았다.

스산한 오쿠노인, 명랑한 올스도르프

오쿠노인 초입의 이치노하시 다리를 건너 삼나무 길로 들어서니 양옆으로 거대한 삼나무 숲이 펼쳐짐과 동시에 일본식 묘지들이 나타났다. 빽빽하게 들어찬, 키 큰 삼나무들 사이사이로 진한 녹색 이끼에 덮인 수많은 묘비석과 공양탑을 볼 수 있었다. 해가 잘 들지 않아서인지, 아니면 눈이 쌓여서인지, 한낮임에도 왠지 모를 스산한 기운이 느껴졌다. 유럽에서 제일 크다는 함부르크의 올스도르프 Ohlsdorf 공동묘지에서는 이런 스산한 분위기를 느끼지 못했다. 올스도르프 공동묘지는 설계자인 빌헬름 코르데스의 생각대로 망자만을 위한 것이 아니라 살아 있는 도시인들에게도 휴식을 줄 수 있는 쉼터가 되었다. 2015년 타계한 헬무트 슈미트 독일 총리가 잠들어 있다.

▲ 오쿠노인 입구 이치노하시 다리

　오쿠노인은 콘코부지에 부속된 공동묘지이지만 이곳에는 종파와 관계없이 많은 역사적 인물이 묻혀 있다. 다이묘 가문들의 묘소도 많다. 도요토미 히데요시, 오다 노부나가, 다케다 신겐 같은 전국 시대의 장수들이 다 여기에 있다. 도요토미 히데요시의 묘는 교토의 기요미즈데라가 내려다보이는 아미타가봉 꼭대기에 있다. 여기는 가문 묘소인 것 같은데, '풍신수길 묘'라는 입간판도 따로 있어 혹시 그의 유체를 분리해서 매장한 것인지도 모르겠다는 생각이 들었다. 유럽의 왕족은 심장만 따로 떼어 왕실 성당에 안치하는 경우가 많다.

▲ 오다 노부나가 묘소

　히데요시는 노부나가가 히에이잔의 승병을 공격한 것과 같이 고야산을 공격하려 했으나 승려 고잔오고興山應基의 설득으로 공격을 단념하였고, 오히려 고야산의 후원자가 되었다고 한다. 이곳 고야산에 도쿠가와 이에야스의 영대靈臺도 있으니, 전국 시대를 호령하던 사무라이들이 여기 다 모여 있다 해도 과언이 아니다. 큰 기업체나 사관학교 동창회, 그리고 제2차 세계대전 전몰 군인들의 묘소도 있다. 일본의 민관 합동 묘지 같은 느낌이다.

임진왜란 조선인 전몰자 공양비의 속내는 무엇인가?

그런데 특별한 묘소를 보았다. 〈고려진적미방전사자공양비〉라는 것인데, 안내판에 따르면 '고려전쟁'으로 표현된 임진왜란 시 양측(일본과 조선, 명) 전몰자들의 안식을 위한 묘소라 한다. 히데요시의 명에 따라 사츠마의 영주인 시마즈의 가문 묘역 내에 만들어졌다. 죄가 클수록 이를 보속하려는 심리도 클 것이다. 하지만 당시 조선 인구의 10분의 1을 죽이고 심지어 코와 귀를 베어 무덤을 만들었던 히데요시의 죄과가 이것으로 보속 받을 리는 만무할 것이다. 아마도 영혼의 보복을 믿는 일본인의 전통적 관습으로부터 자신들의 보호 차원에서 발원된 것이리라.

▲ 고려진적미방전사자공양비가 있는 시마즈가 묘역

오쿠노인 삼나무길 끝에는 코보 다이시의 등롱당과 안식처인 어묘가 자리 잡고 있다. 그는 오늘날 고야산 불교 성지의 개산자다. 이곳 오쿠노인의 묘소 배치를 보노라면 히데요시나 노부나가, 신겐 같은 내로라하는 장수들도 결국 코보 다이시의 발아래 있는 듯하다. 이들의 묘소가 코보 다이시의 안식처와 사당으로 통하면서, 그 길목을 지키고 있는 듯하기 때문이다.

콘고부지와 단조가란

오쿠노인을 둘러본 후 다시 부지런히 걸어서 콘고부지金剛峯寺로 나왔다. 콘고부

▲ 콘고부지 반류테이 석정

지의 각 방마다 코보 다이시의 깨달음과 이곳 불교 성지의 개창을 주제로 한 후스마에 등 많은 장벽화를 볼 수 있었다. 지금은 눈에 덮여 제대로 감상할 순 없었지만 반류테이蟠龍庭 석정도 보았다. 일본에서 제일 크다는 석정이다. 140개의 화강암 조각이 표현하고 있는 한 쌍의 암, 수 용이 운해에서 나타나 오쿠덴奧殿을 감싸고 있다.

숙소로 돌아오면서 인근의 도쿠가와 가문의 영대에 들렀다. 이곳은 3대 이에미츠가 닛코의 도쇼쿠를 창건한 취지대로 할아버지 이에야스와 아버지 이케타다를

▲ 도쿠가와 영대

235

위하여 조성했다. 고야산에선 유일하게 도쇼쿠 형식으로 지었다. 영대란 혼령을 제사 지내는 곳이다.

슈쿠보(숙방) 템플스테이

가방을 맡겨둔 숙방으로 돌아와 체크인을 했는데, 정원이 한눈에 내려다보이는 2층 방을 배정받았다. 5시에는 명상 시간을 가졌다. '아진칸 메디테이션'이다. 명상을 인도해 주는 스님이 영어로도 말씀하는데, 부처님과 자신을 일체화하여 성불에 이르는 것이라 했다. 명상 직후 6시는 식사 시간이다. 쇼진精進 요리라는 베지테리안 사찰 음식이다. 오법, 오미, 오색의 정갈한 음식이다. 오쿠노인에 가기 전

▲ 숙방 렌게조인 안마당 정원

▲ 숙방 내 침실

▲ 숙방의 쇼진 요리 저녁상

에는 점심으로 덴푸라 소바를 먹었는데 두부떡을 덴푸라로 만들어 간장 대신 소
금을 찍어 먹는 것이다. 이 두부떡에는 두부가 없다 한다. 저녁 식사 후에는 대문
을 잠그기 때문에 나갈 수 없다. 슈쿠보宿坊 템플스테이의 전형이다.

남북조 시대를 연 요시노에 가다

1월 28일, 일본 여행 6일 차다. 고야산에서 2박을 하는 일정으로 왔지만, 어제 이곳에서 봐야 할 것들을 대충 봤기 때문에, 오늘은 고야산을 내려가 스다하치만 신사의 인물화상경과 남북조 시대를 열었던 고다이고 천황의 행궁이었던 요시미 즈吉水 신사를 찾아보기로 했다.

스다하치만 인물화상경은 백제 무령왕이 보낸 것이다

고야산역을 케이블카로 출발해 극락교역에서 전차로 갈아타고 시간 반 만에 하시모토역에서 내렸다. 역 앞의 택시 기사 분에게 스다하치만 신사의 교통편을 물어보니 버스도 없고 걸어가기에는 먼 거리다. 택시를 탔다. 신사에 들어서니 왼편으로 인물화상경이 보였다. 진품은 도쿄국립박물관에 있고 여기에 있는 것은 복제품이다. 지름이 20cm라는 진품보다 복제품이 훨씬 컸다. 이 인물화상경에 새겨진 48자의 해독을 놓고 일본서기와 삼국사기의 기록이 달라서 한·일 역사학계

▲ 스다하치만 신사 인물화상경

에서 주장이 대립했다. 우리 쪽 결론은, 인물화상경은 백제 무령왕이 일본에 있던 배다른 동생 동성왕에게 보내 왕위 계승을 확인시킨 것이라 한다.[146]

택시를 대기시켜 놓은 터라 사진 몇 장을 찍고 서둘러 다시 택시를 타고 역으로 돌아왔다. 그러고 나니 마음 한구석이 왠지 찜찜했다. 동전을 던지고 절하고 손뼉 치고 가미를 불러 예를 표할 걸 그랬나 하는 생각도 들었다. 이곳에서 모시는 가미가 진구 왕후라 한다. 신라 침공 후 돌아가는 길에 이 신사에 오래 머물렀다는데, 내가 진구 왕후를 불러 무슨 말을 할 수 있을까, 신라정벌설의 진실을 밝히라고나 할까.

진구 왕후의 전설은 사실史實과는 다르다는 것이 학계의 통설이다. 그 원형은 북규슈 바다 사람들의 바다신 신앙인데, 그것이 점차 변용, 발전해서 나중에《일본서기》에까지 실렸다는 것이다. 진구라는 한 여성이 남편인 왕도 제쳐 놓고 당시의 강대국이었던 신라와 싸우지도 않고 정복했다는 것은 터무니없다. 진구 왕후의 사당도 신라의 침략을 막아 달라고 그 혼령에게 빌기 위하여 만든 사당이라는 주장이 더 설득력이 있어 보인다.[147]

북조 계보의 천황에게 남조의 정통성을 강요한 일본 군부

▲ 요시노역에 오사카에서 관광 열차가 들어왔다.

남조의 황거였던 요시노吉野산은 벚꽃의 명소로 이름 높은 곳이다. 1594년 도요토미 히데요시가 오사카에서 5,000명 군사를 이끌고 이곳으로 벚꽃 구경을 왔다고 한다. 요시미즈 신사로 가기 위하여 하시모토에서 열차를 한 번 갈아타고 요시노역에서 내려 케이블카를 타고 요시노산으로 올라가야 했다.

그런데 이 케이블카가 많이 낡았다. 소화 4년에 만들어졌다 하니 백 년이 다 되어 간다. 이곳 요시노산도 명색이 국립공원인데 투자해야 할 것 같다는 생각이 들었다. 일본이나 독일의 공공시설은 낡은 곳이 많다. 국가 부채가 느는 것을 극도로

꺼려 웬만하면 신규 예산을 투입하는 대신 기존 설비를 관리해 가며 최대한 늘여 쓴다. 우리나라의 국가 부채는 최근 급격히 늘어났다. 일본과 독일이 국가 예산을 어떻게 쓰는지를 배워야 한다.

요시미즈 신사吉水神社의 서원은 일본에서 가장 오래된 서원식 건축이다. 이곳은 고다이고 천황의 행궁 역할을 하던 곳으로 그의 옥좌를 볼 수 있다. 요시노에는 고대부터 일본 천황의 행궁이 있었고, 《일본서기》에 사이메이, 덴지, 덴무, 지토 천황이 요시노 행궁에 행차하였다는 기록이 있다. 고다이고 천황은 천신만고 끝에 가마쿠라 막부를 타도하고 친정을 개시했지만 아시카가 다카우지가 자신의 막

▲ 요시미즈 신사 배전과 서원(왼편)

▲ 요시미즈 신사 고다이고 천황의 옥좌

부(무로마치 막부)를 세우면서 배신한다. 그러자 그는 산세가 험한 이곳에 들어와 다카우지가 옹립한 기묘 천황과 대립하게 되면서 일본 역사상 천황이 2명인 남북 조 시대를 열게 된다.

그는 복수를 다짐하고 재기를 노렸지만, 이듬해 병으로 죽었다. 임종 시 그는 "내 몸은 비록 이곳 남쪽 산의 이끼 속에 묻히지만, 내 영혼은 언제나 전체 우주를 구할지어다."라는 절명시를 남겼다. 다카우지가 그의 원혼이 복수를 해올까 두려워 세운 절이 교토의 덴류지다. 요시미즈 신사는 당시 고다이고 천황이 머물 당시에는 요시미즈인吉水院이라는 승방이었으나 메이지 시대 신사로 바뀌었다.

요시노는 일본 역사에서 또 다른 도피처이자 로맨스의 무대였다. 7세기 덴무 천황은 형인 덴지천황이 당시 형제 상속의 원칙을 무시하고 아들에게 왕위를 물려주려 하자 신변의 위협을 느끼고 요시노로 들어가서 은거하였다. 그는 이듬해 반란을 일으켜(진신의 난) 성공하여 왕위에 올랐다. 가마쿠라 막부 초기였던 12세기 말에는 비운의 장군 미나모토 요시츠네源義經가 막부의 실력자인 미나모토 요리토모에게 쫓겨와 이곳에서 잠거했다. 그의 아름다운 부인 시즈카 고젠静御前과의 애절한 사랑 이야기는 〈요시쓰네 센본 자쿠라〉라는 가부키로도 만들어졌고 그의 충신 벤케이弁慶에 관한 이야기도 후대에 전하여진다. 시즈카 고젠이 교토로 잡혀와 요시츠네를 흠모하며 남긴 시다.

"요시노산 봉우리, 흰 눈을 헤치며 들어간 그 사람의 발자국이 그립다."

남북조 시대는 57년간 지속되었는데, 양쪽의 천황이 번갈아 가며 천황 자리를 계승하는 것으로 타협하여 조정을 다시 합쳤다고 한다. 그런데 나중의 황실 계보를 보면 북조에서 천황을 독점하여 지금의 천황가도 북조 계보에 속한다. 태평양 전쟁 개시 전 도조 히데키를 정점으로 하는 일본 군부는 히로히토 천황이 개전을 반대할 경우 은밀히 그 계보를 이어오던 남조의 인물로(구마자와 천황) 천황을 대체하려 했고 그럴 경우 엄청난 내전에 휘말릴 가능성이 있었기 때문에 히로히토 천황도 전쟁에 휘말려 들어갈 수 밖에 없었다고 한다. 일본 역사에서는 남조를 정통 황실의 계보로 보고 있다. 미토학파에서 남조의 정통성을 먼저 주장하였고 요시다 쇼인도 이에 동조하였다. 아리토모 야마가타는 메이지 천황을 설득하여 남조의 정통성을 확인케 했고, 남조의 고다이고 천황에게 충성을 바쳤던 구스

노키 마사시게의 동상을 고쿄가이엔_{皇居外苑}에 세우기까지 했다.[148]

　다시 고야산으로 올라왔다. 서둘러 어제 미처 다 보지 못한 단조가란_{壇上伽藍}과 고야산 내의 산문 격인 대문을 보는 동안 어느덧 시야가 어두워졌다. 가란(가람)은 불교 승려의 도량처를 말한다. 이곳 단조가란은 코보 다이시가 고야산을 개창하면서 열었던 근본도량으로 48m 높이의 근본대탑이 서 있다. 저녁 식사 시간인 6시에 겨우 맞춰 숙방으로 돌아와 형형색색 정갈하게 차려진 쇼진 요리 저녁상을 대할 수 있었다.

▲ 단조가란 근본대탑

호류지를 보니 감동의 물결이 밀려온다

1월 29일, 일본 여행 7일 차다. 고야산 렌게조인 숙방을 나와 나라奈良로 내려왔다. 고야산역에서 케이블카를 타고 고쿠라쿠바시역에서 내려 열차로 갈아탔다. 고쿠라바시 다리는 극락과 일상의 세계를 구분 짓는 경계다. 그러니 이제 극락의 세계를 떠나 일상의 세계로 돌아온 셈이다. 나라에 도착하니 해도 나고 기온도 올라가 따스함을 느꼈다. 한국에서 가져온 선크림을 처음 발랐다.

나라역에서 나와 관광안내소부터 들렀다. 한겨울이라 그런지 별로 여행객이 많지 않았다. 두 명의 직원이 혼자인 나를 상대해 주었다. 그중 나이가 좀 있고 전문가인 듯한 직원이 백제가 멸망한 660년 연대까지 거론하며 당시 아스카 왜가 백제로부터 문화를 전수받아 사회 발전에 기폭제가 되었다고 스스럼없이 말했다. 내가 내일 아스카에 간다고 하자 구릉지대가 많아 전기자전거로 다니는 게 좋다면서 꼭 가야 할 곳을 지도에 일일이 표시해 주었다. 그와 고대 한일 관계사를 논

▲ 고후쿠지

해 보고 싶다는 생각이 들어서 별도로 시간을 낼 수 있는지를 물어봤더니 흔쾌하게 수락한다. 명함을 받아보니 그의 타이틀이 'friendship force'다. 내일 만나기로 했다.

오후에 숙소 바로 인근의 고후쿠지興福寺부터 보았다. 고후쿠지는 당시 세력가였던 후지와라 가문의 씨사였다. 메이지 유신 당시 폐불훼석으로 이곳의 많은 문화재급 유산이 약탈당하거나 훼손되었다고 한다. 폐불훼석은 가히 일본판 문화혁명이랄 수 있는 반문명적 사건이었다. 오늘 일정의 하이라이트는 호류지法隆寺다. 나라역에서 오사카 방면으로 JR 열차로 3정거장 가서 호류지역에서 내렸다. 7세기 아스카 불교문화의 대표적인 예술품들이 이곳 호류지에 보존되고 있다. 호류지는 금당과 오층탑이 있는 서원西院과 몽전夢殿이 있는 동원東院으로 크게 나뉘고 주구지中宮寺는 동원과 이웃해 있다. 호류지 바깥 서쪽에 있는 후지노키 고분까지 보기 위한 동선을 고려하여 동원 쪽부터 보기로 했다.

일본은 고대 동아시아의 박물관이다

몽전부터 호류지 답사를 시작했다. 쇼토쿠 태자가 살았던 이카루가궁의 뒤쪽에 지어진 몽전은 팔각지붕의 건물로 동원 가람의 중심 건물이다. 일본 건축을 연구한 새들러A. L. Sadler 교수는 몽전이 한국에는 하나도 남아 있지 않은 유일한 고대 한국 건축물이라면서 일본을 고대 동아시아 문명의 박물관으로 표현했다.[149]

▲ 호류지 몽전

▲ 구세관음상 / contents.nahf.or.kr

여기에 바로 어니스트 페놀로사Ernest Fenollosa가 봤다는 비불 구세관음상이 있다. 아스카 시대에 녹나무를 통째로 써서 만들어진 이 불상은 헝겊과 솜뭉치에 싸인 채 천 년 이상 사람의 눈이 닿지 않았다고 한다. 페놀로사가 이 비불을 본 순간 "그렇구나, 한국 것이구나!Korean, of course!"라고 옆자리의 일본인 유명 화가 오카구라 덴신에게 탄식했다 한다.[150] 노마 세이로쿠野間清六는 자신의 《일본미술The Arts of Japan》에서 구세관음상이 미소, 큰 눈과 코를 강조한 모습에서 '돌이' 불사의 스타일이라고 했다. 그리고 녹나무를 통째로 쓴 것이 아니라 여러 개의 블록을 조합한 것이라고 쓰고 있다.[151]

그런데 이 불상이 한국 것이란 것을 페놀로사는 어떻게 그렇게 빨리 인지했을까? 페놀로사는 《중국과 일본미술 시대사》를 써낸 인물이다. 분명히 그는 이 불상이 중국 것도 아니며 일본 것도 아님을 알아챘고 아스카에 지대한 영향을 미친 한국 것이라는 결론을 당연히 내릴 수 있었다. 이 불상은 높이가 180.5cm로 쇼토쿠 태자의 실물 크기라 한다. 쇼토쿠 태자는 일본인들보다 큰 북방계 기마민족의 혈통이다. 당시만 해도 '한국 것'이란 말은 비하된 용어가 아니었다.[152] 존 카터 코벨 여사가 특히 주목한 부분은 이 구세관음이 머리에 쓰고 있는 청동관이다. 이 관은 투조세공으로 역사상 모든 불상의 관 중에서도 가장 섬세하고 정교한 것으로 5~6

세기 경주와 가야고분 출토 금관에서 보듯이 당시 최고조에 달한 한국의 금속 세공 기술만이 이것을 만들 수 있다고 했다.[153]

세계 3대 미소, 주구지 반가사유상

주구지는 원래 쇼토쿠 태자의 모친이 살던 궁이었다. 모친이 돌아가자 쇼토쿠 태자가 발원하여 절이 되었고, 무로마치 시대에 들어와 호류지에 부속된 황실의 비구니 절이 되었다. 여기에 목제 반가사유상이 있다. 주구지의 반가사유상은 쇼토쿠 태자의 모친 이미지를 조각한 것이라 한다. 이집트의 스핑크스, 레오나르도 다빈치의 모나리자와 함께 세계 3대 미소로 불린다. '고졸한 미소'라는 표현이 있

▲ 주구지

기는 하지만, 내가 봐도 그 미소가 알 듯 모를 듯, 소박하고 자애롭다.

▲ 주구지 반가사유상 / news.kbs.co.kr

일본에서는 7세기 후반 무렵 하쿠호 시대에 많은 반가사유상이 제작되었는데, 주구지 반가사유상이 그 대표적인 것이다. 당시 일본에서 제작된 반가사유상들은 한국의 그것들보다 대략 반세기 정도 늦은 것이다.[154] 반가사유상은 금동과 목제를 합하여 우리나라에만 약 38구가 있다. 미륵보살이 의자에 걸터앉아 오른쪽 다리를 왼쪽 무릎에 올려놓은 채로(반가半跏) 오른쪽 팔꿈치를 무릎에 가볍게 얹고, 손끝을 살며시 뺨에 대고 있다. 중생 구제를 위하여 명상하는 전형적인 자세다.

주구지에는 쇼토쿠 태자가 죽은 후 다치바나 태자비가 슬픔을 못 이겨 수놓았다는 '천수국 만다라 수장'이 있다. 수장 상단에 떡방아 찧는 토끼가 있고 대님을 맨 바지를 입고 있는 남자 등 고구려 고분에서 보이는 복식의 사람들을 볼 수 있어 한반도의 영향을 말하고 있다. 이 의상들은 다카마쓰 고분의 벽화에서도 보인다.[155] '고려가서일高麗加西溢'이라는 명문으로 보아 고구려 사람 가서일이 이것의 밑그림을 그렸던 것을 알 수 있다. 지금의 주구지 대웅전은 1968년 지어진 현대 건물이다. 주구지를 나와 곧장 호류지의 동대문을 거쳐 서원 가람으로 들어갔다.

세계에서 가장 오래되고, 가장 아름다운 목조 건축

중문 앞쪽을 지나서 서원 가람의 중앙 마당으로 들어서는 순간 눈에 들어온 오층탑과 금당에서 지금껏 많이 보아 왔던 일본의 다른 사찰들과는 무언가 다른 느낌을 받았다. 마치 숨겨진 천상의 불법 세계에 들어온 듯, 엄격하고 절제된, 그러면서도 왠지 포근하게 감싸오는 한국의 절을 보는 듯한 착각에 빠졌다. "이건 한국의 절이 아닌가!"라는 탄식이 나도 모르게 나왔다. 이 탄식은 전혀 선입견이 없는 것이다. 초등학교 때부터 익히 들어온 그 유명한 호류지다. 그런데 이 절을 보

▲ 호류지 금당

▲ 호류지 오층탑

는 한국 사람이라면 단박에 알아차릴 것 같다. 이 절이 대체 어디서 왔는지를 말이다. 금당 지붕 처마의 휘어짐이나 오층탑의 체감 비율을 군이 따질 필요도 없어 보인다. 이건 틀림없는 한국 절이다!

그런데 영국 외교관으로서 일본 고대 역사 전문가인 조지 샌섬George B. Sansom은 호류지가 세계에서 가장 오래된 목조 건축이자 또한 가장 아름다운 것 중 하나일 것이라고 감탄하면서 모방이 아니라 일본의 재료와 습성에 적응한 흔적이 있다고 했다.[156] 그는 서기 640년까지 일본에서 건축된 46개의 사찰 중 태반이 완전히 소멸하여 없어졌지만 약간은 남아 있고 그중 호류지가 최고라 했다. 암반에 박은 엔타시스 기둥이 건물의 균형을 바로잡아 주고 기와지붕의 곡선이 기분을 좋게 해준다면서 중압감은 없고 대신 높고 웅대한 기분이 든다고 했다. 또한 광활한 평지에 자리를 잡고 건물 배치가 조화로워서 전체로서의 아름다움이 느껴진다고도 했다.[157]

아스카데라가 소가蘇我 씨의 절이라면 호류지는 쇼토쿠 태자의 절이다. 쇼토쿠 태자는 당시 야마토의 최고 권력자인 소가 우마코의 정치적 라이벌로 보이는 일이 없도록 자제하는 가운데, 불교와 유교의 진흥에 힘을 쏟는 외에 불교와 함께 전래한 의약술의 보급에 힘쓰는 등 인도주의를 몸소 실천하였다. 그는 스이코 여왕 때인 607년 지금의 호류지 동원 쪽에서 약간 남쪽 자리에 와카쿠사데라若草寺 (호류지 안내 팸플릿에는 '이카루가노데라斑鳩寺'로 소개하고 있다)를 건립하였는데, 이 절은 670년 화재로 소실되었다. 일본서기에는, "한밤중에 호류지에서 화재가 있었다. 한 집도 남김없이 다 탔다. 큰비가 오고 번개가 쳤다."라고 적고 있다.[158]

그 후 대략 서기 700년 전후로 다시 지어진 것으로 보아 '재건 호류지'는 대략 1,300년 정도의 고건축으로 본다. 지금의 금당, 오층탑 그리고 중문은 아스카 시대의 것이 그대로 보존되고 있어 세계에서 가장 오래된 현존 목조 건물이다. 마침 중문 쪽에 서 있던 호류지 직원의 얘기를 들어보니 1949년에 금당 내부에 불이 나서 복원했지만, 건물의 뼈대나 스타일은 옛것 그대로라 했다. 일본의 사원 중 제일 먼저 유네스코 문화유산으로 지정되었다.

호류지는 쿠다라 스타일 건축인가

불교 사원의 탑은 스투파stupa로도 불리며 석가의 사리를 봉안하는 곳이다. 나라 시대에는 일본 최초의 불교 사원인 아스카데라나 시텐노지에서 보듯이 탑을 중문과 금당 가운데 두어 가장 중요시하였다. 그러다가 재건 호류지에서는 탑과 금당을 병렬로 배치하여 금당의 지위를 탑과 동등하게 끌어올렸다. 그래서 일본에서는 이것이 일본의 독자적 양식이라며 호류지 건립 당시 스이코 여왕의 이름을 따서 스이코식이라 명명했지만 추후 1939년 발굴 조사에서 소실 전 원래 건물은, 중문과 금당 가운데 일직선상에 탑이 위치하여 백제식 가람 배치였음이 밝혀졌다.[159] 가토 슈이치는 와카쿠사데라의 가람 배치가 시텐노지와 같았는데, 재건 호류지 건축 시 '일본화'가 진행되어 가람 배치가 달라졌다고 했다.[160] 호류지 오층탑은 일본의 후대 탑과는 달리 지붕의 체감률이 상대적으로 크다. 속리산 법주사 팔상전이나 부여 정림사지 5층 석탑의 체감률과 유사하다.[161]

코벨 여사는 아스카데라 건축을 주도한 백제 장인들이 일본에 잔류하면서 후대의 다른 사원 건축에도 간여하게 되었다고 한다. 일본서기에 6세기 말 백제에서 사공卉工, 노반박사(탑의 상륜부를 만드는 기술자), 와박사(기와를 만드는 장인)를 보내어 아스카데라를 지었다는 기록이 있다.[162] 7세기 초기 쇼토쿠 태자의 죽음 이후 645년 소가 씨가 멸문하면서 야마토의 권력은 바뀌었지만, 당대에 가장 우수한 기술을 보유한 백제 장인들을 후대 사원의 건축에 채용하지 않을 이유는 없다는 주장이다. 전통을 신성시하는 불교 미술의 특성상 선대의 기본적인 구조를 바꾸지 않는 경향이 있고, 탑과 같이 난도가 높은 건축에서는 더욱 그렇다.[163] 그러면서 호류지 오층탑과 부여 정림사지 오층탑의 유사성에 주목했다. 목탑과 석탑의 차이에도 불구하고 그 처마선의 실루엣이 닮았다는 것이다.[164]

그는 호류지 오층탑을 7세기 백제 사원 건축의 대표적 사례로 소개하면서 뉴욕 메트로폴리탄의 고려청자에 한국의 레이블이 붙듯이 호류지 오층탑도 한국 예술 목록에 포함되어야 한다고 주장한다. 아울러 아스카 시대 야쿠시지藥師寺 동탑과 호류지 인근에 세워진 호키지法起寺와 호린지法輪寺의 3층탑도 체감률은 다르지만, 그 스타일은 호류지의 오층탑과 유사하여, 백제 장인의 솜씨라 했다.[165] 새들러 A. L. Sadler 교수도 호류지가 백제식Kudara style을 대표하는 건축물이라면서 학교, 병원, 사원을 조합한 7채의 건물을 가진 백제식 칠당가람百濟式七堂伽藍이라고 했다.[166]

사실 호류지 금당이나 오층탑의 처마선은 일본의 다른 건축물과 마찬가지로 처마 중심부의 양쪽 끝을 제외하고는 일직선이어서 약간의 곡률을 갖는 우리 건축과는 다르다. 그래서 한 가지 의문이 떠오른다. 코벨 여사는 백제 석탑을 만든 백제 장인의 기술이 그대로 호류지 목탑에 나타난 것이라지만, 백제의 다른 목조 건축물의 처마선은 어땠을까? 애석하게도 지금 우리나라에는 백제의 목조 건축물이 남아 있지 않다. 그러나 우리나라의 고찰 중 일본의 고찰 처마선과 똑같은 일직선 구조의 건축물이 없는 것은 아니다. 묘향산 보현사 대웅전의 처마선이 그렇게 보인다.

보현사는 10세기 중반 고려 초기 건축물로서 호류지보다 대략 200~300년 정도 후에 지어졌지만, 우리나라에서 가장 오래된 무량수전보다 최소한 수백 년이 앞서며, 여러 차례 중건되었지만, 탑이 대문과 대웅전 가운데 있는 고대 초기의 가람 배치는 변함이 없다. 중국 고건축의 처마선에서 우리보다 더 큰 곡선성이 나타나지만, 자금성은 일본과 같이 예외적인 직선의 처마선을 갖고 있다.[167] 그렇기에 처마선만으로 건축물의 브랜드를 단정 짓기에는 무리가 있겠다.

1899년 관민 합작으로 출간되어 메이지 정부의 입장이라고도 할 수 있는 일본 최초의 미술품 도록《신비타이칸眞美大觀》은 원 호류지인 와카쿠사데라의 건축 양식은 전적으로 한국식이며 사실상 한국인에 의한 건축이라고 소개하였다. 재건 호류지 건축이 서구식 기법과 같다고 주장했던 일본 건축학의 태두 이토 쥬타 또한 백제인이 최초의 호류지를 조영했다는 견해를 내놓았다.[168] 7세기 중반 신라가 적대국인 백제의 아비지 등 200명의 백제 장인을 초청하여 무려 80m 높이의 황룡사 9층탑을 세운 사실은 당시 백제의 우수한 건축 기술을 보여준다.[169] 호류지 탑은 33m다.

미국의 고고학자로 일본의 고분 발굴에도 직접 참여한 에드워드 키더Edward Kidder는 일본의 고분 시대에 건축술의 의미 있는 발전이 있었다며 이것을 한국 건

축가들의 집단이주로 일본인들의 생활 수준은 높아지고, 건축 기술의 전수가 이루어진 결과로 보았다.[170]

쿠다라관음상은 쿠다라 것인가

금당 안의 금동석가삼존상, 금동약사여래상을 보고 대보장원에서 쿠다라(백제)관음상, 옥충주자를 보면서 감동의 물결이 밀려왔다. 쿠다라관음상은 오래전부터 쿠다라관음상으로 불려왔는데, 머리 위의 투조 보관부터 연화대에 이르기까지 백제 장인의 솜씨가 드러나 보이는 것과 무관치 않을 것이다. 코벨 여사는 쿠

▲ 대보장원 / 쿠다라관음상, 옥충주자 등 보물들을 전시하고 있다.

▲ 쿠다라관음상 / flickr.com

다라관음상의 광배 한가운데 새겨진 연꽃 무늬도 백제 기와의 연화문과 같다고 했다.[171] 이건 "그냥 백제의 것이다."라고 기염을 토한 그의 말은 사실일까? 호기심이 불현듯 솟구친다.

전시관 내 영어 안내판을 보니 "일본서기에서 쿠다라(백제)관음상임을 언급하고 있지만, 일본에서 만들어졌다고 생각된다."라고 쓰여 있다. 이건 또 얼마나 근거가 있을까? 가토 슈이치는 쿠다라관음상의 몸과 얼굴이 그전에 만들어진 미륵반가사유상이나 약사상과는 크게 다르고 녹나무를 사용했다는 점에서 일본에서 만들어진 것으로 본다. 다만, 이것과 유사한 불상이 없었기 때문에 쿠다라관음상으로 명명했다는 것이다.[172] 당시 일본에서 '좋은 것'은 쿠다라에서 온 것이라고 말했다.

그런데 영국 외교관으로서 일본 고대 역사 전문가인 조지 샌섬George B. Sansom은 쿠다라관음상이 호리호리한 몸매에 키가 훌

쩍 크고 나긋나긋한 목상으로서 그 이름에 걸맞게 한국에서 온 것으로 본다고 했다.[173] 그는 "불상은 한국에서 왔다. 종교열이 높아짐에 따라 사람들은 불상에 예배하고 불상을 안치할 절을 세워 공덕을 얻고자 열망하였다. 그 시대가 시작한 십수 년간 많은 미술가와 직인들이 한국이나 중국에서 왔다. 574년경 북중국에서 불교를 일시적으로 추방하였고 그 여파로 많은 승려 미술가, 직인들이 산동반도로부터 한국으로 오게 되었다."라고 적고 있다.[174]

조선을 사랑한 야나기 무네요시柳宗悅는 일본의 국보 중의 국보라 할 만한 거의 모든 작품이 실제로는 모두 조선 민족이 만든 것이라면서 호류지의 쿠다라관음상과 옥충주자, 몽전의 구세관음상, 주구지의 미륵반가사유상과 천수국 만다라 수장, 고류지의 미륵반가사유상, 쇼소인의 유물 등을 그 대표적 사례로 들었다. 그는 "조선의 미로 꾸며진 일본"이라고 했다.[175]

백제인 '돌이' 불사가 만든 호류지 불상들

'돌이'는 아스카데라의 대불을 만든 도래인이다. 호류지 금당의 금동석가삼존상의 광배 뒤쪽에 제작 시기가 스이코 31년이라는 것과 제작자가 '돌이'라고 새겨져 있다. 코벨 여사는 '돌이'가 백제에서 건너간 장인이라며 19세기 말까지만 해도 일본 문헌에서 이 사실을 거리낌 없이 드러내었지만, 그 후로는 중국인의 후손으로 둔갑시켰다고 한다.[176] 가토 슈이치는 돌이가 대륙 또는 백제에서 간 사람일 것이라 했다.[177] 노마 세이로쿠는 '돌이'가 6세기 백제 성왕이 일본에 보낸 백제 장인의 쿠라츠쿠리(말안장)를 만드는 가문 출신으로서 쇼토쿠 태자의 후원으로 호류지의 불상들을 만들었다며 이렇게 쓰고 있다.

"돌이 스타일이 북위의 영향을 받았음에도 아스카 불상들의 에너지 넘치는 힘과 엄숙하고도 정교한 구성은 북위의 불상들에서는 볼 수 없는 것이다⋯. 7세기 중반 이후 쇼토쿠 태자의 죽음과 함께 아스카 시대의 근엄한 정신이 퇴조되면서 보다 가볍고 활달한 분위기가 추구되는 하쿠호白鳳 예술 사조가 생겨났다. 쿠다라관음상이 이러한 경향을 보여준다. 길쭉한 공간 배분은 솟구치는 듯한 상승의 느낌을 준다. 서양의 고딕 이미지와도 상통한다. '돌이' 스타일이 부처의 이상을 좇아 세상을 만들려는 의지를 보여 준다면, 쿠다라관음상은 세상의 현실 세계 너머로 도피해 가려는 염원을 나타낸다. 전지전능한 신성의 힘보다는 신앙심 높은 행동으로 구제가 이루어진다는 믿음을 보여주려 했다. 7세기 후반부터 제작된 호류지의 6개 관음상이 이러한 경향을 담고 있다. 이 시기 대륙 중국의 문명에 대한 동화가 예전처럼 진행되었음에도 하쿠호 불상의 순진무구한 정신은 중국의 불상들이 아니라 오직 몇 안 되는 한국의 불상들에서만 찾을 수 있다."[178]

▲ 호류지 중문 안쪽 회랑과 열주

▲ 호류지 중문

코벨 여사는 백제가 모든 힘을 불교에 쏟느라 국방에 소홀해 멸망했다 한다. 단재 신채호는 백전百戰의 나라 백제가 유교를 수입하고 나서 사회가 명분의 굴레에 목을 매기 시작하면서 망했다고 했다.[179] 하지만 백제인의 정신과 기술은 일본으로 건너가 꽃피었다. 호류지가 그 절정이었다.

일본 건축의 원천은 인도아리안이었나

이세 신궁이나 이즈모 다이샤에서 볼 수 있는 직선 맞배지붕을 특징으로 하는 일본의 원시적인 고대 건축은 6세기 이후 불교가 도입되면서 새로운 국면을 맞았다. 새들러 교수는 일본의 철학과 건축이, 한국과 중국을 거쳐 오면서 수정되었지만, 그 원천은 인도였다고 한다.[180] 일본의 건축이 인도의 간다라로부터 크게 영향

받았고, 간다라는 그리스의 식민지였으므로 결국 일본의 건축이 그리스까지 연결되어 페르시아, 바빌로니아까지 거슬러 올라간다며 일본 건축의 원천은 한국이나 중국이 아니며 아리안Aryan이라고 주장한다. 그리고 이것을 영국의 문화가 로마, 그리스를 거쳐 크레타, 이집트까지 거슬러 올라가는 것과 비교하였다.[181] 그러고 보면 모든 문명이 메소포타미아 문명권 쪽으로 수렴되는 듯하다. 기원전 3세기 아소카왕이 지었다는 인도의 산치대탑을 보면 인도 건축과 조각의 우수성에 새삼 놀란다. 대탑의 주위 사방에 세워진 토라나Torana는 마치 일본 신사의 도리이나 한국의 홍살문을 보는 듯하다. 독일의 일본학 연구자인 오스카 크레슬러Oskar Kressler도 호류지의 탑이 인도로부터 유래되었다고 했다.[182]

▲ 산치대탑 maumtour.com

후지노키 고분

오후 내내 넋 놓고 호류지를 보다 보니 어느덧 4시가 되었다. 서둘러 후지노키 고분 쪽으로 갔다. 후지노키 고분은 1985년에 발굴이 시작된 6세기 후반의 고분이다. 이카루가 문화재 센터의 영문 안내서를 보니, 이 고분은 '동굴형Cave type' 석실로서 여기서 매우 정교한 장식의 금동 마구와 금동관, 신발 등이 발견되었고, 함께 발견된 석관은 니조산에서 출토된 응회암으로 만들어졌다 한다. 특히 이 마구에 대해서는 중국이나 한국에서 볼 수 없었던 우아한 금속 작품이라고 강조한다.

하지만 이 마구와 비슷한 것이 한반도에서도 출토되었고 특히 금동제 신발은 백제 무령왕릉에서 출토된 것과 거의 똑같다. 에가미 나미오 교수는 후지노키 고

▲ 후지노키 고분

분에서 출토된 금동관은 아프가니스탄의 것과 닮았고 로만 글래스는 신라고분에서 많이 출토되었다고 했다.[183] 즉, 중국이 아니라 스키타이 북방계 유물로서 그의 〈기마민족 정복설〉을 뒷받침 한다고 주장했다. 나라로 돌아와 나라마치를 잠깐 훑어보고 숙소로 돌아왔지만, 호류지의 금당과 오층탑, 그리고 중문의 감동은 쉽사리 내 머릿속을 떠나지 않는다.

도래인의 고을 아스카를 자전거로 누볐다

2024년 1월 30일, 일본 여행 8일 차다. 하루 종일 아스카를 다녀왔다. 킨테츠 나라역에서 기차를 타고 야마토사이다이지역과 가시하라진구마에역, 두 곳에서 기차를 갈아타고서야 아스카역에 도착했다. 조그만 역사를 나와 보니 영락없는 시골 마을이다. 일본에는 법으로 보존 관리를 받는 고도로 8시市, 1쵸町, 1무라村가 있다. 이 중 1무라에 해당하는 곳이 바로 아스카무라明日香村다. 8시로는 교토시, 나라시, 가시하라시, 가마쿠라시 등이 있고, 1쵸는 호류지가 있는 이카루가쵸斑鳩町를 말한다.[184]

일본 시작의 땅, 아스카

아스카는 야마토 왕조의 수도였다. 한자로는 비조飛鳥, 명일향촌明日香村, 나마那麼로 다양하게 표기한다. 아스카무라 당국의 공식 안내 팸플릿을 보니 "일본적 기원의 땅"이라든가 "일본의 초석이 남아 있는 시작의 땅"임을 표방한다. 그렇다면 아스카 시대 이전의 일본은 '일본적'도 아니며 "일본을 시작도 하지 않았다."라는 반대 해석이 가능하지 않을까. 일본이 아스카에 자리 잡기 시작한 때가 7세기 초이니 적어도 그전에는 일본이 아닌 다른 세력의 존재를-결국 한반도라 하겠다-시사한 것은 아닌지

그렇다고 아스카 시대가 되면서 하루아침에 모든 것을 바꿀 수는 없었을 것이니, 결국 아스카 시대에도 한반도의 영향이 강력하게 남아 있었을 것임을 추론해 볼 수 있다. 실제로 '일본'이라는 나라 이름을 쓰기 시작한 것이나 천황으로 칭제한 것도 아스카 시대부터다. 7세기 후반 부 덴지, 덴무 천황이 단행한 칭제나 새로운 국호 사용, 더 나아가 고사기나 일본서기 같은 역사서의 편찬 개시 같은 자주적 정신의 고취는 백제의 멸망을 배경으로 생겨난 것으로 보인다.[185]

역 앞의 자전거방에서 1,400엔을 내고 전기자전거를 빌렸다. 일반 자전거는 900엔을 받았는데, 구릉지대가 많은 지형이라 전기자전거를 타야 한다는 나라 관광안내소의 권고에 따랐다. 자물통은 자전거 몸통에 아예 부착되어 있었는데 미국과 달리 헬멧은 주지 않았다. 안전 의식이 투철한 일본이 웬일일까, 싶다. 미국 자전거방과 또 다른 건 여기선 투어를 마치고 돌아오니 주인장이 눈깔사탕을 하나 주었다는 건데, 수고했다는 의미일 거다. 10시 무렵부터 3시 반까지 자전거로 아스카 일대를 누볐다. 마침 날씨도 따뜻했고 해도 쨍하게 떴다.

오늘 아스카에서 답사 경로를 보자면, 다카마쓰高松 고분, 킨메이 왕릉, 키비히 메노미코 왕후릉과 사루이시猿石, 오니노 셋친 고분, 텐무 천황과 지토 천황 부부

▲ 사루이시(원숭이돌), 키비히메노미코 왕후릉에 숨어 있어 찾기 힘들었다.

▲ 가메이시(거북돌)

릉, 가메이시龜石, 아스카데라飛鳥寺, 사카후네이시酒船石 유적, 만요슈 문학관(이곳에선 외국인에게만 입장료 600엔을 받지 않았다), 이시부타이石舞臺 고분, 타치바나데라橘寺, 그리고 마지막으로 키토라 고분 순이다. 그러고 보니 많이도 다녔다. 고분이라 그런지, 날씨가 좋아서인지 고야산의 공동묘지 오쿠노인과 달리 으스스한 기분은 전혀 없었다.

도래인과 왜인 간 전투력의 격차는 컸다

일본이 왜에서 탈피하여 통일 왕조를 세우고 일본이란 나라로 발돋움한 곳이 바로 이곳 아스카다. 말 그대로 비조, 나는 새가 되었다. 오늘 저녁에 만난 일본 관광 전문가 카즈 나카지마 씨는 아스카 왕조가 나라의 기틀을 세우고 발전한 데는 한반도 도래인들의 도움이 결정적이었다고 했다. 한반도 도래인은 이미 1세기부터 신라인들은 이즈모 쪽으로, 백제인들은 규슈 북부와 세토내해를 거쳐 오사카 쪽으로 왔는데, 말과 활, 창 같은 금속 무기와 축성술이나 양잠 등 농사 기술을 갖고 있었다. 그래서 당시 조몬 시대 단계에서 원시적인 생활을 하던 왜인들을 쉽게 제압하고 정착할 수 있었다고 한다.

물론 초기에는 왜인들과 마찰이나 전투가 있을 수도 있었지만, 나카지마 씨에 따르면 전투력 수준이 현격한 차이를 보여 싸움 상대가 되지 않았기에 그냥 어울려 살게 되었다는 것이다. 그는 불교와 한자뿐만 아니라 무기와 기술을 갖고 들어온 한반도 도래인들이 아스카 왕조, 더 나아가 오늘날 일본의 발전에 결정적으로 기여했다며 5세기 무렵 당시 아스카의 인구가 20만 명에 달했는데 이 중 40~50%가 중국인을 약간 포함한 한반도 도래인이었다고 했다. 다만, 당시 아스카 인구의 8~9할이 도래인이었다는 주장도 있다.[186] 이래저래 당시 일본으로 건너간 백제인의 총합이 백만 명이라 한다.

　그는 그러면서도 일본인들이 지도력과 주도권을 잃지 않았고 6세기 천황을 중심으로 하는 정치적 공동체를 건설할 수 있었던 게 신기할 정도라고 덧붙였다. 다만 우리가 주장하는 백제분국설은 부인했고 오히려 백제 성명왕은 왕자를 일본에 보냈는데, 인질의 성격이었다고 한다. 나카지마 씨의 의견은 대체로 한국에서 보는 시각과 크게 다르지 않았다.

▲ 사카후네이시 유적 거북형 석조물

▲ 사카후네이시 유적 주선석

　일본은 백촌강 전투에서 나당 연합군에 패하여 크게 경각심을 갖게 되었고 방어를 위하여 일본 전역에 20~30여 곳에 성을 쌓았다. 그때 도래인의 축성술을 이용했고 실제로 많은 도래인이 축성에 참여했다. 오늘날 우리는 쓰시마에서부터 북규슈, 오사카 일대까지 백제식 산성을 볼 수 있다.

　고대 한일 관계사에 관한 일본 사람들의 생각도 크게 다르지 않음을 확인할 수 있었다. 사카후네이시 유적을 보러 갔을 때는 입장권을 파는 분이 나에게 이것저것 설명을 해주는데, 그는 당시 백제 사람들이 와서 일본인들에게 정말 많은 걸

가르쳐 주었다고 스스럼없이 말했다. 아마도 이분의 몸에 백제인의 피가 흐르고 있을지 모른다는 생각이 들었다. 나라로 돌아와서는 헤이조쿄 궁터平城宮跡를 주마간산 격으로 돌아보았다.

고구려 고분 벽화를 보는 듯한 다카마쓰 고분 벽화

다카마쓰高松 고분은 1972년 발굴되었다. 이 고분의 채색 벽화에 그려진 그림이 고구려 고분 벽화 여인들의 의복 그림과 똑같아 당시 이 무덤이 한국의 영향을 받았다는 데 많은 일본 학자 간 이견이 없었다고 한다.

▲ 다카마쓰 고분

▲ 텐무, 지토 부부 천황릉

다카마쓰즈카高松塚 벽화관에서 이 고분 채색 벽화의 복제 그림을 볼 수 있다.
안내 팸플릿에는 이 복제 그림을 "실물 크기와 원색을 재현해 낸 아스카의 숨겨진
보물"로 소개하고 있다. 다카마쓰 고분 일대는 히노쿠마松隈라고 불리는 도래인이
이주한 지역으로서, 킨메이 왕릉, 덴무, 지토천황 합장릉, 기토라 고분 등이 산
재해 있다.

도래인 소가 씨가 세운 아스카데라

아스카데라는 일본서기에서 호코지法興寺라는 이름으로 여러 차례 나타난다. 이
절의 주지인 우에지마 호우쇼우 씨의 명의로 된 한국어 안내문이다.

▲ 아스카데라 입구 / 아스카데라는 없어졌고 그 자리에 있는 지금 절은 안고인安居院이다.

"588년 소가 우마코의 발원으로 건립된 일본에서 가장 오래된 사찰이다. 이보다 앞선 538년에 불교와 불상이 백제로부터 도입되었고, 불교 수용을 둘러싸고 찬반이 대립하여 숭불파인 소가 씨와 배불파인 모노노베 씨 간 싸움에서 587년 소가 씨가 승리하면서 이듬해 아스카데라의 건립이 시작되었다. 이를 위하여 설계는 고구려, 백제에서 파견된 승려와 전문기술자들의 지도와 협력으로 596년 완공되어 훗날 일본 불교문화의 원점이 되었고 아스카에 수도를 세우는 근원이 되었다. 그러나 1196년 낙뢰로 소실되고 지하에 매몰되었다. 발굴 시 밝혀진 아스카데라의 가람 배치는 탑을 중심으로 3개의 금당이 에워싸고 있는 형식을 보여준다. 이러한 '1탑 3금당' 형식의 원형은 북한의 수도에 있는 청암리 폐사에서 확인할 수 있다. 아스카데라의 대불은 백제계 도래인 '돌이' 불사가 609년 완성한 일본에서 가장 오래된 불상이다. 12세기 후반 대화재로 불상의 전

신이 손상된 후 수리되었다. 백제의 혜총 법사와 고구려의 혜자 법사가 아스카데라에서
체재하며 쇼토쿠 태자의 스승이 되었다."

▲ 아스카 대불

▲ 아스카데라의 가람 배치도 / 탑이 중심이다.

위 안내문에서 보듯이 아스카데라의 '1탑 3금당' 가람 배치 형식이 고구려 청암리사로부터 나온 것으로 볼 수 있지만, 근래에 부여 왕흥사지에서도 유사한 구조의 가람 배치가 확인되었다. 이것은 '3탑 3금당'의 가람 배치를 보이는 익산 미륵사지 석탑 이전에 나타난 소위 다원식多院式 사원의 별원과 같은 것으로 보고 있다.[187] 아스카데라 터에서 발굴된 와당 문양 등으로부터 보이는 백제와 연결되는 제작 기술은 일본서기에서 아스카데라 조영에 백제 장인들이 파견되었다는 기록과 일치한다.[188]

재미있는 것은 6세기 한반도에서 일본에 불교가 전래된 것이 도래인들의 집단 이주에 따라 자연스럽게 발생한 우연한 사건이었을 뿐이라는 점이다.[189] 아스카 불교문화의 최대 공로자는 도래인 소가 우마코다. 일본서기를 보면 불교를 수용하고 사찰을 세우는 사업을 주도한 두 명의 인물이 우마코와 쇼토쿠 태자인데, 쇼토쿠 태자가 소가 우마코가 행한 업적의 분신으로《일본서기》가 그려낸 허상일 가능성이 높다고 본다면 결국 아스카 불교문화를 주도한 인물은 전적으로 소가 우마코라고 볼 수 있다.[190] 나라 시대의 불교는 개별 씨족신氏神 신앙을 지양하고 보다 고차원적인 통일 사회 이념에 적응해야 할 사상으로 도입되었으며 자연히 당시 세력이 큰 도래인 소가 씨와 다른 도래인인 하타秦 씨, 한漢 씨 등의 연합에 의한 숭불운동을 통하여 그 막을 열었다.[191]

존 카터 코벨 여사는 이 대불과 함께 호류지 금당의 삼존불과 약사여래상도 '돌이' 불사가 만들었다며 살구씨나 아몬드처럼 생긴 이들 불상의 얼굴 눈매가 똑같다고 했다.[192] 이 세 불상의 얼굴을 자세히 들여다보니 코벨 여사의 관찰이 맞다. 여기에 호류지 몽전의 구세관음상도 포함시켜야 할 것 같다. 그런데 2024년 3월 호암미술관에서 열린 〈백제의 미소〉 특별전에 출품된 일본인 소장, 7세기 백제의 금동관음보살입상을 보니 입가의 미소, 눈매가 호류지 금당의 삼존불이나 몽전의 구세관음상을 닮았다. 그리고 호리병을 들고 있는 모습은 쿠다라관음상의 모습과도 닮았다.

아스카 시대 4대 사찰

《속일본기》에 나오는 7세기 아스카 시대의 4대 사찰이란 아스카데라, 쿠다라오
데라百濟大寺, 가와라데라川原寺, 야쿠시지藥師寺를 말한다. 이 중 야쿠시지를 제외한
나머지 3개 사찰은 절터만 남아 있다. 이 4대 사찰은 근래의 발굴 조사로 문헌상
의 기록이 비교적 정확하다는 것이 밝혀졌다. 아스카데라의 가람 배치가 고구려
청암리사나 백제의 왕흥사에 그 근원을 두고 있다면, 나머지 3사의 기원을 신라로
보는 주장이 있다. 쿠다라오데라는 그 정확한 위치는 아직 모르며 불교 도입 초기
인 당시의 기술로 어떻게 9층탑을 세웠는지도 의문이다.[193] 그럼에도 쿠다라오데
라의 9층탑은 왕실의 발전과 안녕을 기원하여 세운 신라 황룡사의 9층탑 건축 배

▲ 타치바나데라(귤사). 쇼토쿠 태자의 탄생지에 세워졌다. 뒤쪽으로 아스카 4대 사찰 중 하나인 가와라데라의 터
가 있다.

경과 직접 연결되며 그 건축 기법을 채용한 것으로 볼 수 있다. 황룡사 9층탑은 백제의 장인 아비지를 불러와 지었다. 가와라데라의 가람 배치는 신라의 감은사로부터, 야쿠시지의 가람 배치는 사천왕사와 감은사로부터 그 기원을 두고 있다. 당시 야마토와 통일로 달려가던 신라의 국가 발전 양상을 생각해 본다면 두 국가의 밀접한 관계를 이해할 수 있다.[194]

이시부타이 고분

이시부타이 고분은 일본 최대 규모의 횡혈식 석실을 가진 고분으로서 7세기 초에 축조된 것으로 6세기 말 당시 권력자였던 소가 우마코의 묘로 추정한다. 고분

▲ 이시부타이 고분 외부

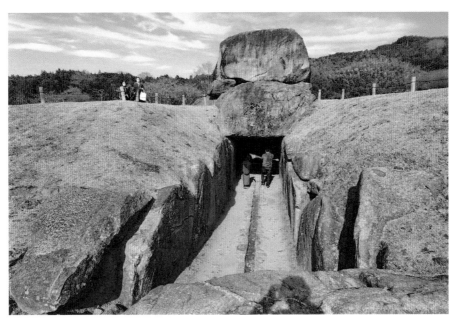

▲ 이시부타이 고분 / 석실 입구

의 상부 쪽 봉토가 소실되어 거대한 천장석이 노출되어 있다. 1933년 발굴 조사로 천장석인 남과 북 2개의 거석 무게만도 각각 64톤, 77톤이며 총중량이 2,300톤에 이르는 크고 작은 화강암 30여 개를 사용한 거대한 고분임이 판명되었다.

키토라 고분

아스카 자전거 투어 중 마지막에 키토라 고분을 보았는데, 마치 우리나라의 시골 무덤을 보는 듯했다. 다카마쓰 고분에 이어 두 번째로 고구려 벽화와 비슷한 청룡, 백호, 주작, 현무의 사신도와 12지신상, 천문도 등이 그려진 벽화가 여기서 발견되었다. 천장의 천문도는 세계에서 가장 오래된 천문도라 한다. 그런데 이 천문도가 그린 하늘이 고구려의 하늘이라는 주장이 있다. 평양이 위치한 북위 39도에서 관측한 별자리기 때문이다. 이곳 키토라를 표기할 때는 보통 지명을 표기하는 한자로 쓰지 않고 가타카나로 표기하는 점이 특이하다. 이유가 궁금하다. 가타카나는 주로 외래어를 표기할 때 사용한다.

▲ 키토라 고분

나라 공원 사슴과 도다이지를 두 번째 보다

1월 31일, 일본 여행 9일 차다. 오늘 나라에서 교토로 넘어갔다. 아침에 나라 공원부터 들렀다. 작년 3월에 도다이지東大寺로 가면서 나라 공원 길에서 보았던 사슴들을 다시 보고 싶었다. 아직은 아침 시간이라 공원 길이 한적했지만, 녀석들이 공원 구석구석에서 나를 반긴다. 사슴은 우리가 일상에서 늘 볼 수 있는 동물은 아니지만 이렇게 인간과 어울려 살아가는 모습을 보니 기분이 좋다.

나라 공원의 사슴들

이 사슴들이 언제부터 나라 공원에서 살았을까. 옛사람들의 기행문을 들쳐 보았다. 1935년에 극동을 여행하면서 《반짝이는 극동》이란 기행문을 남겼던 독일인 리하르트 카츠Richard Katz는

▲ 아침 일찍 나라 공원에서 만난 사슴

281

▲ 도다이지 남대문

봄에 나라 공원을 둘러보면서, 돔 성당의 기둥처럼 솟아 있는 삼나무와 횔더린의 시처럼 피어난 벚나무 사이로 700여 마리의 길든 사슴들이 거닐고 있다고 예찬했다.[195] 그러면서 공원이 술에 취한 소풍객들로 떠들썩하다고 일침을 놓는 것도 잊지 않았다. 1906년 아시아 여행에 나선 영국의 후버트 제닝험 경은 자신의 기행문 《서에서 동으로》에서 나라 공원에서는 "각양각색의 순례자들이 성스러운 사슴들에게 열심히 먹이를 주고 있다."라고 썼다.[196]

도다이지와 대불大佛은 작년에 봤지만 다시 한번 보고 싶었다. 도다이지의 남대문 근처에는 벌써 많은 관광객이 와 있다. 대불을 두 번째 보니 좀 달리 보이는 듯

▲ 도다이지 금당(대불전)

▲ 도다이지 팔각등롱 / 도다이지 창건 당시 등롱으로 일본에서 가장 오래된 금동제 등롱이다.

도 하다. 존 카터 코벨 여사는 대불이 소실된 후 다시 만들어져 원래의 온화한 표정이 사라졌다며 오직 연화 좌대에 새겨진 작은 불상만이 한국 불상의 모습을 간직하고 있다고 했다. 그래서 연화 좌대를 직시해 보았으나 나의 시력 문제인지 조명 탓인지 도무지 그 작은 불상을 분간해 낼 수가 없다. 일단 사진을 찍어 놓았다.

▲ 도다이지 대불의 연화 좌대에 새겨진 작은 불상 부조. 헤이안 시대 원형이 남았다. 확대한 사진이다.

▲ 도다이지 대불과 허공보살상

신라 물건들로 채워진 쇼소인 소장품

호케도(법화당, 삼월당), 니가추(이월당)를 보고 나서 쇼소인正倉院 쪽으로 이어지는 금당 뒤쪽 길로 내려왔다. 이곳은 관광객들이 없어서인지 고도의 고즈넉한 분위기가 제대로 났다. 쇼소인은 예상대로 내부는 보지 못했다. 건물 바깥 대문부터 출입을 통제했다. 1년에 한 번 가을에 인근의 나라 국립박물관에서 특별전을 열어 70종 정도의 소장품을 교대로 전시한다. 이때가 쇼소인의 속을 들여다볼 유일한 기회다.

▲ 쇼소인

쇼소인 소장품의 시초는 756년 황후 고메이가 쇼무 천황의 명복을 빌기 위하여 생전에 그가 쓰던 물품을 도다이지 비로사나불에 바치면서부터다. 현재 8,000여 점의 고대 유물이 소장되어 있다. 고대 일본은 신라의 물건을 '진보珍寶'라 불렀는데, 고메이 황후가 바친 물건들이 〈국가진보장國家珍寶帳〉에 기록된 사실로 쇼소인 보물이 신라의 물건으로 시작되었음을 알 수 있다.[197] 당시 한반도 주변의 해상권을 통일신라가 장악하고 있던 사실에 비추어 보더라도 쇼소인 소장품은 거의 전부 신라 물품이거나 신라가 일본에 판매한 당나라 물건으로 추정된다.[198]

나라에서 JR 열차로 교토로 왔다. 교토역에서 출구로 나온다는 게 신칸센 개찰구로 들어가 버렸다. 우여곡절 끝에 다시 나오긴 했지만, 도쿄, 신오사카, 교토같이 혼잡한 역사에서는 늘 쉽지 않은 게 신칸센 개찰구가 따로 있기 때문이다. 그러니 넋 놓고 가다 보면 거꾸로 들어갈 수 있다.

호국 사찰 도지

숙소에 가방을 맡겨 놓고 가까운 도지東寺부터 찾았다. 도지는 794년 간무 천황이 교토로 천도하면서 세운 호국 사찰이다. 간무 천황의 천도는 정치에 개입하는 불교의 영향력을 끊어버리고자 함이었다. 그래서 도지의 건립은 국가 수호의 의미뿐 아니라 민간에 의한 사찰 건립을 금하고 사원을 통제하려는 의도가 있었다. 9세기 초 구카이(코보다이시)가 이곳에서 살면서 밀교의 가르침을 전하는 진언종의 총본산으로 발전시켰다. 그는, 몸은 고야산에 묻힐지라도 가슴은 도지에 남을 것이라 했다. 교토의 관문인 라조몬羅城門을 중심으로 동쪽에 있다 하여 도지인데, 왜 히가시데라나 히가시지가 아니고 도지라 할까? 이것을 교토에 뿌리 깊이 남아 있는 도래인의 흔적으로 보는 견해가 있다.

당시 라조몬 서쪽으로도 같은 크기의 사이지西寺가 있었지만, 지금은 표지석만 남았다. 이곳 도지의 당탑堂塔은 모두 모모야마 시대에 중수된 것들로 오층탑은 그 높이가 55m로 일본에서 제일 높다. 그동안 네 번이나 소실되었지만 지진으로 무너진 적은 없다는데, 탑의 내부 결구에 내진 설계가 적용되었다니 놀라울 뿐이다. 마침 1월부터 석 달간 내부 특별 공개 행사로 탑의 내부를 들여다보니 중심 기둥을 등지고 사방으로 불상이 모셔져 있다. 매월 21일 엔니치緣日(잿날)에 코보다이시를 기리는 법회가 열리고 도지 경내에서 '코보상'이라는 노점 시장이 열린다.[199]

▲ 도지 금당

　금당金堂은 1606년 도요토미 히데요시의 아들인 히데요리가 재건하였는데, 두 공栱栱에 독특하게도 일본과 인도의 건축 양식 기법을 절충하였다. 내부에는 3개의 불상, 즉 약사여래가 가운데에, 그리고 일광보살과 월광보살이 좌우에 배치되어 있다. 강당에는 정말 많은 불상과 소장품이 가득 들어차 있어 화들짝 놀랄 정도였다. 모두 21개의 불상을 집중적으로 배치하여 불성과 득도의 세계인 만다라를 표현했다. 만다라의 세계는 주구지의 '천수국 만다라 수장'에서 보듯이 보통은 2차원으로 표현되지만, 이곳에서는 3차원(3D) 공간에 펼쳐놓았다.

칸지인觀智院으로 넘어갔다. 진언종의 도량이다. 진언종은 특별한 불교 의식, 명상 등을 실행함으로써 살아 있는 채로 깨달음의 경지에 도달할 수 있다는 가르침이다. 칸지인은 일본에서 가장 많은 진언 불교 서예품을 소장하고 있다. 구카이는 그가 사이초에게 쓴 편지에서 보듯이 뛰어난 서예가였다. 승려들의 거주 공간인 서원의 장벽화가 아름답다. 건물 내 곳곳의 자그마한 정원들도 예쁘다.

구불교 vs 신불교

일본 불교는 애초 호국 차원에서 도입된 종교다. 왕실과 귀족 종교에서 무사 종교로, 그것이 다시 농민으로 퍼져 나갔다. 즉, 위에서 아래로 퍼져 나갔다. 현재 일본 불교의 여러 종파 가운데 가장 많은 신도 수를 가진 종파는 정토진종淨土眞宗이다. 정토진종은 말법사상의 도래와 함께 나타난 신불교로서 농민의 종교라 할 수 있다. 귀족 중심의 밀교인 진언종이나 천태종의 구불교와 구분된다.

정토진종은 12세기 나무아미타불을 염불하는 것만으로도 구원받을 수 있다고 한 호넨法然, 13세기 최초의 대처승으로서 비승비속을 실천한 신란親鸞으로 이어져 내려오다가 15세기 가마쿠라 시대 렌뇨蓮如에 이르러 농민 간 하부 연대를 통한 공동체를 만들자는 잇키一揆사상과 연결되면서 교세를 급속도로 확장하게 되었다.

잇키는 평등주의이므로 렌뇨의 전도 방식도 권위주의를 부정했다. 잇코슈一向宗와 연대한 잇코잇키一向一揆로 한 구니國를 차지하는 구니잇키로까지 발전하지만, 오다 노부나가와의 싸움에서 패배한다. 정토진종은 승려직을 세습하며, 그 본산지는 교토의 니시혼간지다.

한국 문화의 저수지, 고류지와 다이토쿠지

2월 1일, 일본 여행 10일 차다. 오늘은 아침에 사이호지西芳寺의 이끼 정원을 방문하려고 인터넷으로 신청서를 작성하느라 10시가 되어서야 숙소를 나섰다. 사이호지의 이끼 정원은 신청서를 미리 작성해 보내야 방문 신청을 받아준다는 걸 일본에 와서야 알게 되었다. 그런데 신청하고 나서 사이호지에 전화를 걸어보니 이끼 정원이 2월 중엔 문을 열지 않는다고 한다. 나중을 기약할 수밖에….

우선 교토역 관광안내소부터 찾았다. 목적지를 말하니 안내하는 직원이 지도에 교통편을 일일이 표시해 준다. 오늘 내가 갈 곳은 도래인들이 개척하여 교토의 시작을 알린 우즈마사太秦 지역의 고류지, 가레산스이 석정으로 유명한 료안지 그리고 전국 시대 무장들의 보리사가 몰려 있고, 센노리큐가 차노유茶の湯를 시작한 다이토쿠지다.

첫 행선지인 고류지로 가는 73번 버스를 탔는데, 버스 전광판에 코께데라, 즉 사이호지를 간다고 표시되어 있다. 이 버스가 고류지를 거쳐 사이호지까지 가는 모양이다. 존 카터 코벨 여사는 조경학자인 민경현 박사의 강연을 인용, 6세기 무렵 창건된 금강산 유점사에서 보듯이 한국의 돌장식 선정원이 사이호지의 코께데라보다 200년이 앞선다고 했다. 일본 석정의 효시로 보는 소가 우마코 집의 아스카 강변 석정도 612년 일본으로 건너간 미치코노 타쿠미로 불리는 백제인의 작품이었다.[200]

신라인 하타 씨의 씨사였던 고류지

▲ 고류지 가와가쓰라(태진전)

▲ 고류지 태자전

고류지廣隆寺는 7세기 초 교토 천도 이전에 건립된 교토에서 가장 오래된 고찰이다. 고류지가 소재한 우즈마사 지역은 3세기 초 오진왕 때부터 한반도로부터 이주한 도래인들이 사는 지역으로서 고류지도 도래인인 하타 가문의 씨사氏寺로 출발했다. 경내 초입에서 하타노 가와가쓰의 사당太秦殿을 볼 수 있었다. 그는 불교를 진흥하여 쇼토쿠 태자의 이상을 실현하려 하였고 고류지를 신앙과 예술이 조화롭게 융화하는 일대 보고로 만들었다.

고류지의 보물 전시관인 영보전에는 2구의 미륵반가사유상이 있다. 관을 쓰고 있어 '보관寶冠 미륵'으로 불리는 일본의 국보 1호 미륵보살반가사유상과 '우는 미륵'으로 불리는 또 다른 국보 미륵보살반가사유상이다. 공히 아스카 시대 작품이다. '보관 미륵'은 한국의 봉화에만 있다는 아카마츠赤松를 통째로 써서 일목조一木造 기법으로 만들었다. 이것은 전형적인 한국 반가사유상의 제작 기법이다. 또한 중국에서도 볼 수 없는 삼산관三山冠을 쓰고 있다. 일본의 전후 최고의 석학이자 마지막 교양인이라는 가토 슈이치는 한국에서 들여온 것으로 보인다고 했다.[201]

'우는 미륵'은 구스노키(녹나무)를 통째로 써서 일목조一木造 기법으로 제작되었다. 고류지에서 발간한 안내서를 보면, "백제국으로부터의 공헌불貢獻佛"로 소개하고 있다. 녹나무는 한국에서 나지 않는다는데, 그렇다면 백제의 공헌불이란 무슨 의미일까? 미륵보살반가사유상 건너편에 전시된 대형 불상을 보았는데, 팔이 여러 개 달린 천수관음좌상이다. 높이가 2.66m다.

▲ '보관 미륵' / mk.co.kr, '우는 미륵' / ameblo.jp

일본의 국보 제1호 목제 미륵보살반가사유상은 알려진 대로 한국의 국보 제83호 금동 미륵반가사유상과 쌍둥이 같아 보였다. 칼 야스퍼스는 일본의 미륵보살반가사유상을 그리스나 로마의 어떤 상보다도 인간 실존의 최고이념을 잘 구현하고 있다고 극찬한 바 있다. 그럼에도 한국의 신라 금동미륵반가사유상에 비해서 부드러운 곡선이 주는 편안함보다는 다소 경직된 느낌을 준다. 특히 등 부분의 처리에 있어서 곡률이 매우 단순해 평평해 보인다.[202] 함석헌 선생은 우리가 삼국 시대 예술품을 볼 때 거기 힘차게 꿈틀거리는 힘과 그윽이 서려 있는 신비로움이 있음을 느끼며, 삼국 시대 정치는 분통이 터지는 실패임에도 그 예술은 지금도 바라보아 숨결이 높아지는 것이 있다고 했다.[203]

석정의 대명사, 료안지 방장 정원

료안지龍安寺의 가레산스이 정원은 세계적으로 유명하다. 료안지는 원래 무로마치 시대 호소카와細川 가문의 저택이었다. 15세기 중엽에 선사로 창건되었지만 오닌의 난 때 이곳이 호소카와가 진영의 본거지가 되면서 화를 피해 가지 못했다. 절 입구에서부터 꽤 걸어 들어가서야 방장方丈에 딸린 석정石庭이 나타났다. 1499년에 재건된 료안지의 가레산스이枯山水 정원이다. 가레산스이 정원은 고산수란 말대로 물이 말라 없어진 정원이다. 돌과 모래, 그리고 풀의 조합으로만 조성하는데, 물과 나무가 무성한 치센池泉 정원에 비해 한결 간소해진 미니멀리즘 정원이다. 대부분 관상용으로만 만들어졌다. 선불교와 선사와 매칭되기에 선禪 정원이라고도 한다.

료안지의 석정은 동서 25m, 남북 10m의 사각형 모양이다. 나무나 풀은 없고, 돌과 모래만이 나지막한 기름 반죽 토담으로 둘러싸여 있다. 모래의 바닷속에는

▲ 료안지 석정

5개의 돌이 크게 5개의 뭉치로 나뉘어 동쪽에서부터 서쪽으로 5개, 2개, 3개, 2개, 3개가 배치되었다. 이것은 7, 5, 3의 숫자로 길한 수의 조합이라고 한다. 방장 마루에 걸터앉아 정원을 바라보았다. 오래 바라보면서 자신을 들여다보는 선정禪定에 들라는데, 짧은 시간이라 그런지 큰 감동은 오지 않았다. 아무래도 다시 한번 와야 할 것 같다. 이 정원은 일본 가레산스이 정원의 최고봉이다. 단순, 명쾌, 유현, 심오의 이미지를 연출하고 있어 선정원의 표본이다.[204] 나오는 길에 아래쪽의 치센 정원인 쿄요치鏡容池를 한 바퀴 돌아보았다. 연못이 꽤 크다.

일본의 자연은 있는 그대로의 모습이 아니라 누군가에 의해 만들어진 자연이다. 일본인들은 단지 자연스럽다는 것만으로는 충분히 아름답지 않다고 생각한다. 일본의 정원도 그 안에 있는 모든 것을 움직여서 배치하기 전까지는 자연스럽지 않다.[205] 자연은 자연스러울 때만 위대하다고 한 바이런의 생각은 일본인에게는 전혀 와닿지 않을 것이다.[206] 그래서 일본의 정원 디자이너를 작정가作庭家라고 하나 보다. 일본의 유명한 정원은 그 정원을 만든 작정가들이 분명히 알려져 있다. 사이호지와 텐류지 정원을 만든 무소 소세키 외에도 고보리 엔슈, 셋슈 같은 작정가들이 있다.[207]

영국식 정원은 야생의 거친 아름다움을 그대로 살리고자 하며, 프랑스식 정원은 이와는 대조적으로 대칭과 패턴을 만들기 위해 인공적인 관리를 중시한다. 일본의 정원은 프랑스식 정원에 가깝지만, 훨씬 더 자연스럽다. 내가 거의 4년 가까이 살았던 함부르크의 오트마르셴에 있는 예니슈 공원Jenisch Park은 대표적인 영국식 정원이다. 다소 거칠게 보이지만 반려견을 데리고 아침, 저녁으로 산책과 운동을 즐길 수 있는 사용자 친화적인 공원이다. 하노버의 프랑스식 공원인 헤렌호이저 정원Herrenhäuser Garten은 베르사유궁이나 쉰브룬궁의 정원처럼 관상용이다.

한국 문화재의 보고, 다이토쿠지

다이토쿠지大德寺는 교토의 낙북 지역에서 30여만 평에 걸쳐 23개의 탑두 사원을 거느린 대형 사찰이다. 도요토미 히데요시가 좋아한 절로서 가토 기요마사의 보리사가 있는 외에 임진왜란에 참전한 일본의 무장 5명이 묻혀 있다. 이들은 조선에서 불화나 불상, 석등, 향로 같은 운반이 가능한 문화재를 약탈하여 전쟁 후 이곳에 묻히거나 원찰願刹을 세우면서 가져왔다고 한다. 코벨 여사는 다이토쿠지 삼문의 이층 문루에 있는 16구의 목조 나한상이 고려 시대 유일한 목조각이라 했

▲ 다이토쿠지 불전

▲ 다이토쿠지 삼문

다. 그는 1933년 일본 관광 안내서에서 이것을 가토 기요마사가 조선에서 가져온 것이라고 쓰여 있는 것을 찾아냈다.[208]

차노유의 산실

코벨 여사에 따르면 다이토쿠지의 '대덕大德'이란 이름도 고려 연호에서 온 것이며 경내 모든 건축물의 지붕에는 한국의 대표적 문장이랄 수 있는 삼태극의 소용돌이가 새겨진 기와가 덮여 있다고 한다. 조선통신사도 이곳에서 몇 번을 숙박했다. 다이토쿠지는 도요토미 히데요시의 다도 스승이었던 센노리큐千利休가 차노유茶の湯를 시작한 곳이기도 하다. 사카이의 부유한 상인 집안 출신인 센노리큐는 한국에서 건너간 천씨 가문의 후손으로서 한국식 이름을 고수했다.[209] 히데요시가 중용하면서 정치적 권력을 얻었으나 히데요시가 드나드는 다이토쿠지 삼문 2층 누각에 자신의 목조각상을 걸었다고 해서 그의 노여움을 샀고, 결국 할복자살로 생을 마감했다.

센노리큐는 무로마치 시대 유행한 중국 박래품인 가라모노唐物로 장식한 화려한 다회를 배격하고 작은 초막에서 주인과 초대받은 손님 간의 "직심의 사귐直心/交"을 구하는 와비짜 문화를 창시하였다. 그것은 와비侘び(한거閑居를 즐김), 사비寂び(예스럽고 아취가 있다), 그리고 시부이(과시하지 않고 함축된 멋)를 말한다. 비어 있음에서 채움을 찾는 것은 참으로 창조적인 일이다.[210] 센노리큐는 이렇게 말했다.

"집은 비가 새지 않는 것으로 족하고 음식은 허기를 면할 정도만 있으면 충분하다. 이것이 부처의 가르침이며 차노유 정신이다. 물을 길어오고, 장작을 모으고, 물을 끓이고, 차를 만들어 부처에게 바친다. 이와 마찬가지로 차를 만들어 손님에게 대접하고 직접 마시는 것이 차노유다."[211]

니토베 이나조는 영어로 발간한 자신의 책에서 차노유를 '다도tea ceremony' 또는 '차 문화cult of tea'로 번역하면서도 'Teaism'이란 이름을 붙였다.[212] 그러면서 이것을 "시대의 경박함과 사치스러움에 대한 항의"이자 "영혼과 조용한 교감을 열망하는 정신"이라고 했다.[213] 비록 그 시대에 1,000장의 다다미방을 가진 건물이 지어지고 내부에 금을 입힌 황금다실黃金茶室이 만들어지면서, 더 크고 더 호화로운 것을 추구하는 사조가 나타났지만, 센노리큐의 와비짜 정신은 그 반대를 지향했다. 도요토미 히데요시 같은 권력자도 머리를 숙이고 니기리구찌躍リ口라는 작은 구멍을 통해서 들어가야만 하는 찻집이 널리 퍼진 것은 일본이 세계에서 유일하다.[214]

차는 중국에서 일찍이 7세기 때 한국에 전래되어 궁중에서 마셨고 이것이 다시 일본에 건너가 8세기 궁중 의례에 사용되었다 한다.[215] 엔랴쿠지의 개산자인 사이초가 805년 중국에서 유학을 마치고 돌아갈 때 처음 차를 일본에 가져왔다는 주장도 있다.[216]

존 카터 코벨 여사는 일본의 다도가 고려 후기의 다도 의례에서 비롯된 것이라며, 그 연결 고리로 조선 초기 억불정책으로 일본으로 건너간 선승 이수문과 친분을 맺은 잇큐 쇼준一休宗純 선사를 주목한다. 잇큐 선사는 센노리큐보다 백여 년 앞선 선승으로서 '와비짜'의 선구자다. 코벨 여사는 9년의 연구 작업 끝에 그가 100대 천황 고코마쓰後小松와 고려에서 건너간 한국인 궁녀 사이에서 태어났음을 알게 되었다고 한다.[217] 그의 모친은 아들인 잇큐 선사에게 보낸 편지에서 "팔만대장경을 모두 암송한다고 하더라도 너의 참 본성을 깨치지 못한다면 소용이 없다."라며 마음을 깨치는 공부를 하다가 죽으라는 유언을 남겼다고 일본《고승전집》에서 전하고 있다.

일본 문화는 하이쿠나 노에서 보듯이 압축의 문화이기도 하다. 일시적인 것, 형식적인 것, 부차적인 것을 떼고 핵심적인 것, 항구적인 것을 추출한다. 수직, 수평적인 것으로 가득한 일본의 기하학적 건축물은 압축을 통해 도달한 현대 모더니즘의 미술과 매우 흡사하다. 지상현 교수는 이것을 네덜란드의 화가 피터르 몬드리안의 작품 구성과 유사하다고 보았다.[218]

"교토의 용 구경"

이번에 교토를 방문했을 때가 마침 교토에서 겨울마다 실시하는 비공개 문화재 개방 행사 기간 중이었다. 올해는 용의 해라서 특별히 〈교토의 용 구경〉이란 모토 아래 용에 관한 문화재를 개방하고 있어서, 다이토쿠지 법당의 천장에 그려진 용 그림, '운류주雲龍圖'를 볼 수 있었다. 17세기에 그려진 이 천장화는 가노 단유의 35세 때 그림이다. 특히 이 법당은 손뼉을 치면 울림이 있는 음향 구조로 설계되어 마치 천장의 용이 포효하는 듯한 박진감을 느낀다고 한다. 나도 안내원의 설명에 따라 손뼉을 쳐봤더니 정말 천장의 용이 꿈틀하며 포효한다. '우는 용鳴龍'이다. 이 절의 방장에는 8개의 방, 83개의 장지문이 있다. 여기에 가노 단유가 그린 선화禪畵 등을 주제로 한 후수마에는 일본 선 묵화의 최정상을 보여준다.

▲ 료긴테이, 수미산식 이끼 정원이다.

▲ 잇시단, 모래 가운데 이끼가 더해진 석정이다. 전통적인 가레산스이 석정에 비해서 약간의 부
드러움이 느껴진다.

다이토쿠지의 탑두 사찰인 료겐인龍源院은 방장에 있는 후스마에 '용과 파도', 그리고 돌을 넣은 선禪 정원 '료긴테이龍吟庭'가 유명하다. 개방 중이라 별도의 입장료를 내고 둘러보았다. 료겐인은 다이센인大仙院과 함께 다이토쿠지의 핵심적인 탑두 사찰이다. 이 두 사찰은 석정으로 유명하며 일본 정원사에 있어 그 중요성이 매우 높다. 료겐인에는 방장을 둘러싼 5개의 부속 정원이 있다. 일본에서 가장 오래된 선방이라는 방장의 남, 북쪽으로 있는 석정이 각각 잇시단一枝壇과 료긴테이다. 이 중 료긴테이가 13세기 무로마치 시대 유명한 작정가인 소아미相阿彌가 디자인한 정원이고, 잇시단은 비교적 최근인 1958년 만들어졌다.

▲ 료겐인 / 토테키코, 4평 정원으로 일본에서 가장 작은 석정이다.

료긴테이는 토담 앞쪽으로 모두 5개의 돌을 길게 늘어놓고 바닥에는 푸른 이끼 靑苔를 깔았다. 가운데 큰 돌이 우주의 중심이라는 수미산이다. 방장 남쪽에 있는 잇 시단은 바닥이 모래다. 이제 작정 된 지 70년 정도의 비교적 짧은 연륜의 석정이다. 모래 가운데 푸른 바다를 나타내는 이끼와 그 가운데 산을 나타내는 돌로 구성하여, 우주를 표현하고 있다. 방장 동편의 또 다른 석정인 토테키코東滴壺는 물에 던져진 돌이 일으키는 파도 물결을 표현하고 있다. 일본에서 가장 작은 석정이다.

15세기 중반 10년이나 지속된 오닌의 난은 일본 역사를 통틀어 제2차 세계대전 시 패전 다음으로 충격적인 사건이었다. 교토는 새카맣게 탄 폐허가 되었고, 500년이 지난 지금도 여전히 기억되고 있다. 오닌의 난과 함께 교토의 문화 엘리트들은 반야심경의 공空과 충격적인 첫 대면을 하게 된다. 사람들은 간결하고 빠른 무언가를 원했다. 셋슈의 먹 뿌리기 같은 하보쿠 기법을 삼차원으로 구현한 것이 바로 석정이다. 연못과 큰 돌이 있는 대형 정원 대신 작은 모래 정원을 창조해 내었다. 꽃꽂이에서도 꽃병에 정식으로 배치한 다테바나立花 대신 바구니에 꽂아 넣는 나게이레投入れ를 선호했다. 바로 와비의 사상이다.[219]

절은 없고 탑만 남은 고구려 사찰, 호칸지

이날 마지막 일정으로 고구려인들이 세웠다는 호칸지法觀寺를 찾았다. 절은 없고 오층탑만 남았다. 사찰 부지가 있었던 야사카고八坂鄕를 지배했던 고구려 사신 이리사意利佐의 후손이 세운 절이다.[220] 하야시야 다쓰사부로가 쓴 《교토》를 보면 호칸지의 이름을 모르는 사람들이 대부분이라 했는데 이날 내가 탄 택시 기사도 호칸지를 가자고 하니 되물어 왔다. 호칸지로 가는 골목길은 인파로 넘쳐났다.

▲ 호칸지 오층탑

▲ 호칸지 오층탑과 기요미즈데라를 잇는 골목 산넨자카

이곳은 기요미즈데라와 연결된 곳이다. 오층탑은 고류지와 함께 교토 천도 이전의 문화재로서 오닌의 난에도 살아남았다. 중세에 교토를 두고 싸우던 세력 간에 이 오층탑에 먼저 자신들의 문장이 그려진 깃발을 올리는 쪽에서 교토를 지배했다고 한다.[221]

어느 시각장애인의 친절

이날 료안지에서 다이토쿠지로 가는데 센본기타오지라는 곳에서 버스를 갈아 탔다. 나는 당연히 내린 곳에서 탄다고 생각하면서 기다리다가 방향이 맞는지 아무래도 미심쩍어 옆 사람에게 물어보았는데 이 사람은 잘 몰랐다. 그런데 마침 옆에서 버스를 기다리던 시각장애인이 내 쪽으로 한두 걸음 다가오더니 이곳에서 타면 안 된다면서 "한타이!"라고 했다. 건너편에서 타라는 것이었다. 감동적이었다. 소경이 낯선 외국인에게 길을 가르쳐 주었다. 작지만 진한 감동이 밀려왔다. 이래서 우리가 세상 살맛이 나는 게 아닐까.

ㅠ

도래인의 고장 비와호에 가다

신라와 인연이 있는 미이데라

2월 2일, 일본 여행 11일 차다. 오늘은 교토의 동북쪽인 비와호 쪽으로 나갔다. 교토역에서 JR 기차를 타고 두 정거장 만에 오쯔大津역에 도착했다. 신라선신당新羅善神堂이 있는 온조지園城寺부터 찾았다. 온조지는 엔친円珍 스님이 당나라에서 수행을 마치고 돌아와 866년 미이데라三井寺로 재창건한 후 보통 미이데라로 불린다. 온조지는 신라계의 천황으로 전해지는 덴무 천황의 칙원으로 창건되었지만, 원래 신라계인 오토모大友 씨족의 씨사였다.[222] 《한국 고대사를 생각한다》를 쓴 최태영 박사는 "일본의 신사는 신라에서 건너갔고, 불교, 불탑, 절도 백제에서 처음 전해진 것이다."라고 했다.[223]

오토모 씨족은 백제계로 알려져 있지만 원래 오쯔쿄大津京 일대에는 고래로부터 신라계인 하타秦 씨족이 살고 있었으며 백제 멸망 후 후백제 사람들이 대거 들

▲ 미이데라 금당

어왔다고 한다. 일본서기에도 "백제의 백성, 남녀 400명 남짓을 근강국近江國의 신기군神崎郡에 살게 했다."라는 기록이 나온다.[224] 그래서 진신의 난 때 패배하여 덴무 천황에게 황위를 빼앗긴 오토모 황자도 신라계이다. 온圓은 '소노'로서 신라의 서라벌에서 '라'가 빠진 것이라 한다. 결국 신라를 말하는데 온조園城라 함은 신라의 성을 의미한다. 온조지의 경내에는 지금도 성의 흔적이 있다. 신라선신당은 신라 신사다. 온조지의 수호신이며, 스사노오를 제신으로 모신다. 신라명신은 오토모 씨족이 모시는 씨신이다.[225]

그런데 내가 찾아가려는 신라선신당은 이 절의 경내 바깥에 있었다. 오쯔 시청

쪽으로 돌아가서 30분가량을 더 걸어가야 했다. 매표소 직원에게 물어보니 모른다고 해서 나이가 지긋한 다른 직원에게 물었더니 자세히 알려 주었는데 이곳은 자세히 안내받지 않으면 찾기 힘든 곳에 있었다. 신라선신당은 엔친이 당나라에서 돌아올 때 폭풍우를 만난 배에서 꿈에 나타나 항해를 도와주었다는 신라명신을 모신 곳이라는 전승이 있지만, 당시 엔친이 하카타-류큐-중국 연강현連江縣-장안-오대산-명주明州의 루트로 다녔고, 돌아올 때는 당나라 상인 이연효의 배로 귀국하였음을 볼 때 엔친은 실제 신라와는 관계가 없다고 한다. 다만, 오토모 씨족의

▲ 신라선신당

씨신인 신라명신을 후세에 엔친의 이야기와 결부시켰을 가능성이 높다.[226] 열심히 발품을 팔아 신라선신당을 찾아갔지만, 문이 잠겨 있어 경내로는 들어가지 못했다. 왠지 황량하게 방치된 듯한 느낌이었다. 뒤편에 오토모 황자의 능이 있다.

고려판 대장경이 있는 미이데라

미이데라의 금당은 모모야마 시대의 대표적 건축이다. 금당 안에는 엔친 대사의 입당구법 행로가 소개되고 있었다. 불경을 보관하고 있는 이싸이쿄죠一切經藏에는 고려판 일체경一切經이 회전식 팔각장에 보관되어 있다. 대장경을 진호국가의 상징으로 삼았던 일본은 유교 국가인 조선으로부터 많은 고려판 대장경을 수입해 갔다.[227] 이곳 미이데라에서 어니스트 페놀로사가 수계를 받고 불교도가 되었다. 그는 영국에서 죽었지만, 유해는 이곳 미이데라의 호묘인法明院으로 가져왔다. 1890년 5월에는 니콜라이 러시아 황태자가 이곳 미이데라를 방문 후 오쯔 시내에서 일본인 경찰관에게 피습되는 사건이 벌어지기도 했다.

일본의 불교대학 엔랴쿠지

미이데라를 본 후 히에이잔比叡山의 엔랴쿠지延曆寺를 찾았다. 교토의 동북쪽 산중에 자리한 엔랴쿠지는 불길한 기운이 수도에 미치지 못하도록 하려는 의도에서 세워졌다. 1571년 오다 노부나가가 산 전체를 불태워 엔랴쿠지의 승병들을 몰살시켰다는 곳이다. 케이한 전철의 종착역인 사카모토히에이잔구치역에서 내려 거의 1km를 걸어가 케이블카사카모토역에서 케이블카를 타고 엔랴쿠지역에서 내려 또 걸어가 엔랴쿠지에 도착했다. 그런데 총 본당이라는 근본중당根本中堂은 수

▲ 미이데라 이싸이쿄죠—切經藏(일체경장)

리 중이었다.

그래도 근본중당 내부는 개방하고 있었다. 그런데 여기는 다른 사찰과는 달리
너무 어두웠다. 도대체 아무것도 제대로 볼 수 없었다. 나중에 알았지만 엔랴쿠지
를 개산한 사이초의 "어두운 곳에 빛을 밝혀라."라는 가르침 때문이었다. 그가 말
한 어두운 곳에 빛을 밝힌다는 것은 자신의 위치와 상황이 어렵더라도 최선을 다
하라는 의미라 한다. 근본중당에는 이 사이초 비전의 상징인 꺼지지 않는 영원한
불꽃, "후메츠노호토"가 타오르고 있다.

▲ 엔랴쿠지 강당

　8세기 말 사이초最澄가 히에이잔에 근본중당을 세우고 간무 천황으로부터 엔랴쿠지라는 사호를 받은 이래 이곳은 명상과 정토 기도 등 다양한 불교 활동의 수행 도량이 되면서 많은 걸출한 스님들을 배출했다. 바로 이곳 히에이잔을 일본 불교의 발상지, 엔랴쿠지를 일본의 불교대학이라 하는 이유다. 안내 팸플릿을 보니 엔랴쿠지의 수행법 중 가장 혹독한 센니치 카이호교千日回峰行를 소개하고 있다. 천 일 동안 히에이산을 속보로 돌면서 270곳의 신성한 곳에서 기도를 드리는데, 이 수행 중 걸어야 하는 거리가 지구를 한 바퀴 도는 거리라 한다. 마지막 9일 동안은 먹지 않고, 마시지 않고, 자지도, 눕지도 않는 단식, 단수, 불면, 불와를 수행해야 한다.

《입당구법순례행기》를 쓴 엔닌 대사는 신라의 친구였다

이곳에서 강설한 엔닌圓仁 대사는《입당구법순례행기》라는 당나라 여행기를 남겼다. 이 여행기는 당시 신라와 당나라 간의 교류, 그를 통한 신라의 동아시아에서의 위상을 가늠해 볼 수 있는 소중한 기록이다. 신라방이나 장보고 선단의 활동에 관한 기록을 볼 수 있다.[228] 엔닌은 중국 산동성 적산赤山 법화원에서 수행 중 불법 연구의 수호신으로 모셨던 적산 신라명신을 모시기 위해 이곳 엔랴쿠지에 적산궁을 건립하였다.[229]

▲ 엔랴쿠지케이블카역에서 내려다 본 비와호

엔닌 대사가 당나라에서 9년 반 동안 수행할 때 접촉한 신라 사람들이 현지인인 당나라 사람들만큼이나 많았는데, 당시 당나라의 수도 장안에 거주하는 외국인 중에는 신라 사람들이 가장 많았다고 한다. 정복당한 백제, 고구려의 왕족들도 연행되어 왔고 신라에서는 매년 사절단이 왔다. 당나라로 유학을 왔던 신라인들이 당나라에 그대로 영주하는 자도 많았다.[230]

엔닌의 이 여행기를 번역한 라이샤워 교수는 당시 당 왕조의 역사에 수록된 고선지 장군이 신라인임을 상기시켜 준다. 그는 고원과 사막지대를 2천 마일 이상 가로질러 티베트를 평정한 당나라의 한니발이었다. 7세기 무렵 당나라에서 인도로 여행한 기록이 있는 승려 56명 중 적어도 7명이 신라인이었고, 중국의 동쪽 해상 무역도 신라인들이 장악하였다고 한다.[231]

엔랴쿠지 회관에서 소바 한 그릇을 먹고 나서 대강당과 종루 쪽으로 올라갔다. 날씨도 춥고 음산해서 서탑 쪽으로는 갈 엄두가 나지 않았다. 하산하기로 했다. 결국 엔랴쿠지에선 소바 한 그릇만 먹은 셈이다. 비와호 쪽으로 다시 내려가지 않고 에이잔 로프웨이를 타고 교토 동북쪽으로 바로 내려가려 했더니 겨울에는 그쪽 루트가 폐쇄된다고 했다. 교토역 버스정류장(C6)에서 직통으로 연결되는 버스도 겨울에는 운행하지 않는다. 결국 오던 길로 다시 내려왔다. 터덜터덜 엔랴쿠지역까지 걸어와 케이블카를 탔다. 엔랴쿠지역 산 중턱에서 비와호가 한눈에 잘 내려다보였다. 아르누보 양식의 엔랴쿠지 역사 건물이 아름다웠다.

▲ 엔랴쿠지케이블카역 아르누보 양식이다. 단순하지만 아름답다.

천황의 500년 교토고쇼, 격동의 유신을 목격하다

교토로 돌아와 천황의 거소였던 교토고쇼京都御所를 찾았다. 교토고쇼는 남북조
시대였던 1331년 고곤光嚴 천황 때부터 메이지 천황이 메이지유신으로 1869년에
도쿄로 천도하기 전까지 500여 년간 천황의 거처였다. 막부 말기에는 왕정복고와
5개조 어서문을 여기서 발포하고 메이지明治, 다이쇼大正, 쇼와昭和 천황의 즉위식도
여기서 열렸다. 교토역에서 가라스마선 지하철로 이마데가와역에서 내려 한참을
걸어갔다. 세이쇼몬淸所門으로 들어가니 소지품 검사를 한다. 천황이 살지 않는 천
황궁인데 천황의 심기 경호라도 하려는 것일까? 정해진 코스로 고쇼 경내를 한 바
퀴 돌면서 관람하였다.

▲ 교토고쇼 슌코덴, 다이쇼, 쇼와 천황 즉위식 때 사용한 거울神鏡을 보관하고 있다.

▲ 교토 고쇼 겐레이몬

정전인 시신덴紫宸殿, 교토고쇼의 정문인 겐레이몬建禮門, 삼종신기의 하나인 거울神鏡을 보관하고 있는 슌코덴春興殿, 의전용인 세이료덴淸凉殿, 접견이나 회의 장소인 고고쇼小御所, 지천회유식 정원인 오이케니와御池庭, 독서나 와카 모임을 하는 오가쿠몬죠御學門所, 천황의 침소인 오쓰네고덴御常御殿, 그리고 등롱과 정원석을 배치한 내실 정원인 고나이테이御內庭 순으로 관람하였다.

이 중에서 가장 중요한 건물은 시신덴이다. 이곳에서 메이지, 다이쇼, 쇼와 천황의 즉위식이 거행되었고, 1868년 4월에 유신 정부의 국정 기조를 담은 메이지 천황의 5개조 어서문御誓文이 발포되었다. 이것은 당시 14세의 어린 천황에 의한 유신의 시작이었다. 오가쿠몬죠에서는 1867년 12월 삿초동맹군이 황궁을 장악하

▲ 교토 고쇼 세이료덴(정면)과 시신덴 후면(왼쪽)

고 교토에 있던 모든 다이묘를 입조시킨 가운데 쇼군으로부터 주권 회복을 선언한 '왕정복고 대호령'이 발포되었다. 이어서 고고쇼에서는 마지막 쇼군 도쿠가와 요시노부에 대한 처분을 결정한 '고고쇼회의'가 열렸다. 오늘 보행 수가 3만 보에 육박했다.

《대망》의 주인공들을 찾아가다

2월 3일, 일본 여행 12일 차다. 오늘은 16세기 후반 센고쿠戰國 시대를 끝내고 일본을 통일한 3걸을 배출한 나고야를 찾았다. 나고야는 주부中部지역의 수도여서 주쿄中京라고도 한다.

오다 노부나가(1534~1582)는 옛 나고야성에서 태어나 기요스성淸洲城을 거점으로 성장하였고, 도쿠가와 이에야스(1543~1616)는 오카자키성岡崎城에서 태어나 어릴 때 이마가와今川 가문의 영지인 슨푸駿府(시즈오카)에서 10년 이상 인질 생활을 해야 했다. 그는 1600년 세키가하라 전투에서 승리한 후 1615년 오사카성 여름 전투로 마침내 일본 통일을 완성하였다. 1605년 쇼군직을 히데타다에게 물려준 후 다시 슨푸로 돌아와 여생을 마쳤다. 도요토미 히데요시(1537~1598)는 평민 출신이라 가문의 성은 없다. 그는 지금의 나고야인 오와리국 아이치군 나카무라라는 한적한 동네에서도 움막살이하는 집에서 태어났다. 히데요시가 가진 첫 성은 오다 노부나가에게서 도노마사로 하사받은 비와 호수에 인접한 나가하마성이다.

▲ 나고야성 천수각

교토에서 아침 일찍 신칸센 노조미호를 타니 35분 만에 나고야역에 도착했다.
신칸센 중 노조미호가 제일 빠르다. 작년 3월에는 2주짜리 전국 JR 패스로 다녔고
이번엔 1주짜리 산요산인북규슈 JR 패스로 다녔는데 이제 패스 사용 기한이 끝나

서 창구에서 일회권을 사야 했다. 오늘 아침 교토역에서 신칸센 차표를 사 보니 3일간 유효하다고 찍혀 있다. 그 3일 동안은 특정 시간에 구애받지 않고 같은 구간이라면 언제라도 신칸센을 탈 수 있다. 승차 시간이 정해진 우리 KTX 티켓 시스템보다 이게 더 편할 것 같다.

일본 통일의 마지막 승자를 낳은 오카자키성

나고야에 도착, 아침을 먹으러 브런치 카페에 들어가니 벌써 사람들이 많다. 우선 메이테츠明鐵라인 쾌속 특급전차로 오카자키성부터 찾았다. 이곳은 도쿠가와 이에야스가 나고 자란 곳이다. 강 쪽의 벚나무에 벌써 꽃망울이 맺혔다. 벌써 아름다운데 이제 벚꽃이 피면 얼마나 더 아름다울까.

전후 일본에서 공전의 히트를 치며 밀리언 셀러로 등극한 야마오카 소하치山岡莊八의 대하소설 《도쿠가와 이에야스》의 첫 무대가 오와리尾張 지역이다. 오와리라면 노부나가의 키요스성을 중심으로 하는 지금의 나고야 서부 지역이다. 이 소설은 원제목보다 《대망大望》이란 번역 제목이 더 멋지다. 이에야스가 자라면서 일찍이 노부나가와 조우하고 슨푸성으로 가서 인질 생활을 하게 되는 과정이 잘 묘사되어 있다. 지난여름 재밌게 읽었는데 워낙 장편이라 첫 2~3권을 읽고선 쑥 건너뛰어 마지막 부분만 읽었다. 대단한 소설이다.

도쿠가와 이에야스는 원래 마츠다이라松平 가문 출신이다. 나중에 그는 자신의 성을 마츠다이라에서 도쿠가와로 바꾸었고 이름도 3번을 개명하였다. 일본에서는 양자 제도로 개명이 드물지 않다. 마츠다이라 가문은 지금 토요타 자동차 공장

▲ 신군의 성, 오카자키성

이 있는 도요타시에서 성장하였다. 그러다가 1531년 이에야스의 할아버지인 마츠다이라 키요야스松平清康가 지금의 용두산으로 오카자키성을 옮겨왔다. 1643년 1월 이에야스가 여기서 태어났다. 그는 6세 때 오다 노부나가의 아버지 노부히데의 인질로, 8세 때는 이마가와 요시모토의 인질로 타지에서 생활하다가 19세 때인 1560년 오케하자마 전투에서 이마가와 쪽이 패한 후 오카자키성으로 돌아와 통일의 기반을 닦아 나갔다. 에도 시대 오카자키성은 신군神君 출생의 성으로 신성시되었다. 메이지 유신의 폐성 정책으로 1873~1874년 중 허물어진 것을 시민들의 강력한 요구로 1959년 복원하였다.

나고야의 지도를 바꾼 나고야성

나고야성名古屋城은 세키가하라 전투에서 승리한 도쿠가와 이에야스가 도요토미 진영에 대한 방비책으로 가토 기요마사加藤淸正 등 서일본 다이묘 20 가문에 축성을 명하여 1615년 완성하였다. 그해 오사카성 여름 전투가 있었으니, 나고야성

▲ 나고야성 / 가토 기요마사가 축성을 독려하는 모습이다.

은 오사카성을 무너뜨리기 위한 전초기지였으며 그 후에도 간사이 지방을 향하는 도쿠가와 가문의 최대 중요 거점이었다. 그래서 도쿠가와 3대 가문, 고산케御三家인 이에야스의 9남 요시나오가 오와리 초대 번주이자 나고야성의 성주로 와서 오늘날의 나고야로까지 발전, 번영하게 되었다.

나고야성은 생각보다 규모가 크고 해자 쪽 성벽이, 지금은 물이 없지만, 매우 가파르고 높았다. 그러고 보니 나고야성이 오사카성, 구마모토성과 함께 일본의 3대 성이라 한다. 일본에는 천수각이 국보로 지정된 5개의 성이 있지만, 이 3대 성은 국보가 아니다. 모두 콘크리트로 재건축하여 원형이 제대로 보존되고 있지 않기 때문이다. 5대 국보 성은 도쿠가와 시대의 원형을 간직하고 있는 히메지성, 마쓰모토성, 히코네성, 이누야마성, 마쓰에성이다.

가토 기요마사는 도쿠가와 이에야스로부터 나고야성의 축성을 명 받기 바로 전 자신의 본거지인 규슈의 구마모토성熊本城을 완공해 축성의 달인이 되어 있었다. 성안에서 기요마사의 동상과 축성 시 사용된 '기요마사의 돌'을 볼 수 있었다. 기요마사는 고니시 유키나가와 함께 조선 침략의 선봉장이었다. 나고야성 축성 당시 오다 노부나가의 거점이었던 기요스성을 해체하여 자재를 가져왔을 뿐만 아니라 아예 기요스의 조카마치도 이곳으로 옮겨와 나고야의 뉴타운이 되면서 나고야의 지도를 바꾸었다.

가토 기요마사는 세키가하라 전투에 참전하지 않고도 이 전투가 끝난 후 17만 석에서 일약 51만 석의 대 다이묘가 되었다. 도쿠가와 이에야스가 왜 이토록 기요마사를 후대했는지 의문이다. 그런데 이것이 기요마사가 도요토미 히데요시를 부추겨 정유재란을 일으키도록 하여 수년 후 벌어진 세키가하라 전투에서 정유재란의 주력이었던 서군이 힘을 쓰지 못하도록 공작한 결과라는 것이다.[232] 세키가하라 전투를 동군의 승리로 이끈 결정적인 이유는 정유재란이었다. 기요마사는 이에야스의 사위였다. 이 점이 기요마사의 급성장에 작용했다고도 한다.[233]

나고야성의 혼마루고텐本丸御殿에는 성주의 거주 공간과 쇼군의 행궁 조라쿠텐上洛殿이 있다. 제2차 세계대전 때 공습으로 전부 소실된 것을 2009년부터 복원 공사를 시작하여 2018년 완공하였다. 우아한 외관과 실내 벽화, 금속 장식으로 호화롭게 꾸며져 건축, 회화, 미술공예 분야에서 높게 평가되는 서원조 양식의 단층 건물이다. 천수각은 휴관 중이었다.

기요스성은 출세성

기요스성淸洲城은 15세기 초 이곳의 슈고가 축성하였으며 노부나가 가문의 거점 역할을 한 곳이다. 현재 천수각은 1989년 콘크리트로 복원된 것으로 가레산스이 정원이 천수각 바로 앞에 펼쳐져 있다. 1560년 오다 노부나가는 2천 명의 기마병으로 이마가와 요시모토今川義元가 거느린 수만 명의 군대를 급습, 격파하여 자신의 이름을 떨치면서 일거에 전국구 무장으로 떠올랐다. 바로 그 유명한 오케하자마 전투다. 그때 노부나가는 이곳 기요스성에서 출병하였는데, 그래서 기요스성은 '출세성出世城'이 되었다. 노부나가는 대항해 시대의 세계화 조류에 대응하여 당시 센고쿠 시대를 풍미했던 인물이었다.

▲ 기요스성은 출세성이다.

신화의 땅이자 신들의 왕국, 이즈모

2월 4일, 일본 여행 13일 차다. 몸이 지쳐오는 걸 보니 이번 여행도 막바지에 다다른 것 같다. 그동안 4박을 했던 교토를 떠나 시마네현의 이즈모로 왔다. 시마네는 '일본의 뿌리島根'라는 의미다. 이즈모出雲는 과거 신라와 교류가 활발하던 곳으로 한국의 고어로 친척을 의미하는 '아자무'가 변형된 말이라 한다.[234] 고대 이즈모는 일대 해양국이었다. 1890년 이곳을 방문한 일본의 귀화 인기 작가였던 라프카디오 헌Lafcadio Hearn이 이즈모가 "신들의 왕국"이라는 말을 처음 했다.

승차권 발매기에서 신칸센 차표와 일반열차 차표를 한 번에 샀다

이른 아침 6시 55분 하카타행 신칸센에 몸을 실었다. 여행하다 보면 종종 이른 아침 길을 떠나야 한다. 이른 아침 여행길은 몸은 피곤해도 마음은 상쾌하다. 달리는 차 중에서 떠오르는 아침 해라도 맞이하게 되면 그 기쁨은 배가 된다. 오늘 여로는 교토에서 신칸센으로 출발해서 오카야마에서 야쿠모 특급으로 갈아타고 이즈모로 가는 것이다.

승차권 발매기 앞에 섰다. 일본어 버전으로 찬찬히 들여다보았고 그렇게 해서 이즈모행 차표를 살 수 있었다. 영어 버전과 한글 버전도 있다. 승차권 발매기는 차표 외에도 영수증과 신용카드 전표까지 모두 5장을 토해 내었다. 그러니까 영수증과 신용카드 전표를 뺀 3장이 차표인데, 전 구간 승차권 1매와 구간별 좌석권 2매였다. 그런데 이걸 개찰기에 어떻게 넣어야 할 줄을 모르겠다. 개찰구 직원에게 물어보고 교토에서는 교토-오카야마 구간 좌석권과 교토-이즈모 전 구간 승차권 2매를 집어넣었다. 오카야마에서는 신칸센 출찰을 하지 않은 채로 야쿠모로 갈아타는데 3매를 다 집어넣으란다. 그랬더니 타고 온 교토-오카야마 구간 좌석권은 개찰기가 먹어버렸고 오카야마-이즈모 구간 좌석권과 교토-이즈모 전 구간 승차권 2매는 다시 나왔다.

일본 기차역 개찰구에는 항상 직원이 지켜보고 있다. 주로 승차권 소지 여부를 감시하는 역할을 하지만 모르는 걸 물어봐도 대부분은 잘 도와준다. 내가 이해한 건, 갈 구간의 좌석권과 타고 온 구간의 좌석권을 전체 구간의 승차권과 함께 다 집어넣는 것이다. 그러면 지난 구간의 좌석권만 개찰기가 먹어 버린다. 개찰기도 먹어야 산다.

▲ 독도 자료실 입구

마쓰에 독도 자료실

애초 숙소가 있는 이즈모까지 가서, 이즈모에서 독도 자료실이 있는 마쓰에를 다녀오려고 했다. 그런데 열차 안에서 지도를 보니 마쓰에를 거쳐서 이즈모를 가는 게 순로였다. 그래서 일단 마쓰에에서 내렸다. 내리면서 개찰기에 2매의 차표를 집어넣으니 전 구간 승차권 1매만 다시 나왔다. 코인 로커에 가방을 넣어두고 독도 자료실로 향했다.

마쓰에는 시마네현의 수도다. 현청에 부설된 독도 자료실을 찾아가서 둘러보고, 판매하는 자료들을 샀다. 그런데 이 자료들을 사는데 이름과 주소를 적으라고 한다. 무엇 때문일까, 이례적인 일이다. 자료실 앞은 공원이었다. 여기서 마쓰에성이 잘 보였고, 덤으로 사진도 찍었다. 마쓰에성은 규모는 작지만 도쿠가와 시대의 원형을 간직하고 있어 국보로 지정된 5개의 성 중 하나이다.

▲ 마쓰에성松江城

영토 변경은 피를 부른다

지구상에는 곳곳에 많은 영토 분쟁이 있다. 일본만도 러시아와는 북방 4도, 중국과는 센카쿠(댜오이다오), 그리고 우리와는 독도를 놓고 분쟁 중이다. 영토와 전쟁은 동전의 양면이다. 영토의 변경은 전쟁을 부른다. 일본이 러시아에 북방 4도를 돌려 달라고 하지만 러시아는 러시아 군인들의 피를 돌려 달라고 응수한다. 그런 만큼 영토 현상을 변경하기는 현실적으로 어렵기도 하지만 위험하기도 하다. 일본이나 우리나 자중해야 할 대목이다.

영토 문제에 관한 한 현상 유지status-quo가 피아를 막론하고 가장 현명한 방책임을 확신한다. 독도가 우리 땅임은 틀림없지만, 일본이 끊임없이 영유권을 주장하고 있는 국제 분쟁지역이다. 독도문제가 이슈화될수록, 그리고 시끄러워질수록 일본의 반발이 거세어지고 국제적인 주목을 받게 된다. 그렇게 되면 유엔안보리의 권능으로 당사국 의사에도 불구하고 국제사법재판소에 넘겨질 수도 있다. 독도는 지금 우리가 실질적으로 지배하고 있으니 현상 유지만 하면 된다. 그러려면 분쟁의 빌미를 만들지 말아야 한다. 당연히 국내 정치에 독도를 끌어들여서도 안 된다.

대마도와 울릉도

근래에는 대마도가 우리 땅이라고 주장하는 일이 벌어지고 있다. 지방의회에서 대마도의 날 조례를 제정하고 대마도 의회에 대마도 반환 촉구 서한을 보낸다고 한다. 개인도 아니고 정부 기관에서 이런 엄청난 국제적인 트러블을 만들고 있다는 게 실로 믿기지 않는다. 조선 시대 이종무의 대마도 정벌 이후 조선과의 교역이 단절되자 생계가 막막해진 신계도辛戒道라는 일본인이 대마도주의 사자를 사칭하여 대마도를 조선에 귀속시켜 달라고 하여 세종이 경상도 소속으로 했지만, 곧 대마도의 항의를 받고 없던 일로 했다는 해프닝이 있었다.[235] 대마도를 우리 땅이라고 하는 것은 일본이 과거 자신들이 어획하고 산림 벌채를 하던 울릉도를 자신들의 땅이라고 주장하는 것보다 더 무리한 주장이다. 실제로 일본 메이지 유신의 정신적 지주였던 요시다 쇼인은 울릉도를 17세기 말 겐로쿠 시대 조선에 넘겨주었다면서 울릉도를 급선무로 다시 점령해야 한다고 주장하였다.[236]

예전에는 영토를 얻기 위하여 전쟁했고, 전쟁에서 이기면 영토를 얻었다. 영토는 국부의 원천인 농업 생산력을 증가시킬 수 있었기 때문에 사활을 건 영토 싸움이 이어졌다. 그러나 현대 세계에서 이런 생각은 더 이상 유효하지 않다. 덴마크는 19세기 중반 프로이센과의 전쟁에서 패하여 슐레스비히-홀슈타인 지역을 빼앗겼다. 제2차 세계대전 후 연합국은 패전국이 된 독일에 대하여 슐레스비히-홀슈타인의 영토를 재조정할 의도로 덴마크에 대해 북해 운하 이북의 실지를 덴마크가 원하면 돌려주겠다고 제안했다. 하지만 덴마크는 1946년 10월 숙고 끝에 이 제안을 거절했다. 이미 독일인이 다수인 그 땅을 다시 가져와 통치하는 데 따른 정치적, 경제적 부담을 원치 않았기 때문이다.[237] 아마도 장래 독일의 힘이 회복될 시 발생할 수 있는 분쟁도 염두에 두었을 것으로 보인다. 지혜로운 결정이었다.

마쓰에역으로 돌아와 이즈모행 전차를 탔는데, 마쓰에-이즈모 간 구간 차표를 별도로 사지 않고, 마지막 남은 교토-이즈모 구간 차표로 이즈모까지 올 수 있었다. 그러니까 애초 목적지 전에서 내리더라도 추가 여비 없이 여행을 속행할 수 있다. 내가 알기론 우리 열차 승차권은 시간과 구간이 지정된 것이다. 이걸 바꾸려면 환불을 해야 한다. 일본의 열차 승차권에 비해 번거롭고 신축성이 떨어진다.

이즈모 다이샤가 모시는 제신은 과연 누구인가?

이즈모역 근처 숙소에 들러 가방을 놓고 나와서 이즈모 다이샤出雲大社로 향했다. 전차를 한 번 환승하여 이즈모 다이샤마에역에서 내려 상가들이 밀집한 신몬도오리神門通 거리를 지나, 소나무 참배길을 따라가니 4개의 도리이 중 마지막 청동 도리이가 보인다. 여기를 통과하여 배전을 거쳐 팔족문八足門까지 올라갔지만, 그 너머 본전에는 더 이상 접근이 허락되지 않았고 하늘로 뻗쳐 있는 치기를 얹은 본전 지붕만 볼 수 있었다.

▲ 세이다마리勢溜의 도리이

▲ 이즈모 다이샤 배전 앞 청동 도리이, 4개의 도리이 중 마지막 도리이다.

▲ 배전 / 현관 처마 밑에 시메나와注連繩 금줄이 걸려 있다. 집에 금줄을 걸어두고 사람의 출입을 금하는 풍습은 한반도에도 있다.

▲ 팔족문八足門 / 본전의 정문이다. 바닥에 그려진 삼원은 고대 이즈모 다이샤 본전의 기둥 자리 를 표시한다.

이즈모 다이샤에서 방문자들에게 배포하는 영문 안내 자료, 〈A Guide to Izumo Oyashiro〉의 설명이다.

"이즈모 다이샤(오야시로)는 오쿠니누시노오카미大國主大神를 신체로 모신다. 오쿠니누시노오카미는 나라를 만들어 아마테라스에게 넘겨준 후 은둔하였다. 아마테라스는 그의 둘째 아들 아메노호히에게 큰 궁전을 지어서 이곳에 모든 일본의 신들이 모여 그를 모시라고 했으니, 이것이 이즈모 다이샤이다. 고사기와 일본서기에 따르면 이즈모 다이샤의 본전은 오쿠니누시노오카미의 무한한 신성에 걸맞게 일본에서 가장 큰 목구조물로 지었다고 한다."

《한국 고대사를 생각한다》를 쓴 최태영 교수는 달리 말한다. 이즈모 다이샤는 오쿠니누시노오카미의 아버지로 알려진 한국 사람 스사노오를 모신다는 것이다. 그의 말이다.

"일본의 10대 수수께끼가 있다. 그중 하나가 일본 왕실의 조상신 격인 천조대신(아마테라스)을 받드는 이세 신궁보다 아마테라스의 동생으로 알려진 스사노오의 이즈모 신사가 더 오래되고 먼저 생겼다는 것이다. 스사노오는 한국 사람이다. 이즈모 신사는 그를 기리는 사당이다. 스사노오는 일본 전역에서 약 8천 개의 신사에서 봉제사 된다."[238]

하지만 깨알 같은 글자로 4쪽이나 되는 설명에 신라나 스사노오에 대한 언급은 없다. 일본어나 한글로 된 다른 팸플릿도 마찬가지다. 일본 건국신화의 땅인 이즈모와 한국의 연관성을 애써 언급지 않으려는 의도가 읽힌다. 과연 이즈모 신사의 신체가 무엇일까? 궁금증이 더해진다. 알렉스 커Alex Kerr는 이즈모 신사에 보관된 신체를 오랫동안 공개하지 않은 나머지 그 신체가 무엇인지조차 알 수 없게 되어 버렸다고 했다.[239] 이것은 신체에 신비로운 비밀주의를 부여하던 고대 신도 시대의 전통이다.

데와 히로아키出羽弘明는 1980년 대 중반부터 20여 년간 일본 전역의 신라 신사를 모두 방문하여 그 유래나 제사를 지낸 씨족 등에 관한 조사를 한 후《新羅神社と古代日本》을 썼다. 그는 일본 전역에 신라, 백제, 고구려의 신사들이 있지만 그 중 스사노오미코토를 주신으로 모시는 신라 신사가 월등히 많다며, 일본이 율령 국가로 되기 전, 즉 일본이란 나라 이름도 없었을 때인 고대 창성기에 한반도 삼국 중 특히 신라인들이 일본의 정치와 문화에 큰 영향을 끼쳤다고 했다.[240] 이즈모에 대해서는 이렇게 말한다.

> "이즈모는 고대에 스사노오와 그 일족이 개척한 왕국으로서, 스사노오와 그 자손의 신들의 왕국이다. 일본서기에서, "스사노오가 아들 오십맹신을 데리고 신라국에 내려가 소시모리라는 곳에 있다가, 배를 타고 동쪽으로 건너가 이즈모의 히노카와 상류의 도리스카미鳥上에 도착했다."라고 적고 있듯이 이즈모는 나라를 만드는 단계에서부터 신라와 관계가 깊었다. 서이즈모 쪽 石見 지방에 신라 신사가 있고, 이즈모 다이샤 경내에도 소가노야시로素鵞社에서 스사노오미코토를 제신으로 모신다."[241]

1744년에 재건한 지금 본전은 신전 건축 역사에서 가장 오래된 다이샤즈쿠리大社造 양식으로서 총고가 24m이지만, 고대 본전의 규모는 그 두 배였다고 한다. 헤이안 시대 950년에 쓰인 기록에 따르면 이즈모 다이샤 본전의 높이는 48m로 당시 45m 높이의 도다이지 금당을 능가하였는데, "지붕이 구름을 가른다."라고 했다. 이즈모 다이샤의 사각형 우산 건축 양식은 한국의 영향을 받았고,[242] 지붕의 양 끝부분에 X자 형태로 교차시킨 천목千木과 용마루 위에 용마루와 수직 방향으로 올려놓은 견어목堅魚木으로 이루어져 있다. 2000년에 경내에서 발굴된 본전 기둥의 일부로 보이는 거대한 유구가 발견되었는데, 3개의 기둥이 한 세트로 되어 있는 이 유구가 거대한 고대 본전의 존재를 알려 주고 있다.

이세 신궁 양식은 태평양의 섬들에서 볼 수 있는 폴리네시안 주거 양식을 반영한다. 이것은 곡물을 보관하는 창고 공간을 그대로 사용하여 신체를 안치하는 형식으로서 나무 기둥을 땅에 직접 세우고 맞배지붕을 올린 형태다. 일본의 고대 주거 양식도 이러한 아열대 지역의 주거 양식과 크게 다르지 않고, 한국이나 중국

▲ 이즈모다이샤마에역 / 단순해 보이지만 아름답다. 아르누보 양식으로 보인다.

에서 볼 수 있는 난방 시스템도 없는 단순한 구조였다. 아름다운 동화 마을을 연상케 하는 시라카와고白川村는 격리된 산골에 위치하여 19세기까지도 외부인들에게 공개된 적이 없다는 곳이다. 이곳의 주거 형태를 폴리네시안 롱 하우스Polynesian long house의 재현이라 한다. 30명 이상의 대가족을 수용하는 구조이며 지붕이 이즈모 다이샤처럼 60도 이상의 가파른 경사를 가진다.[243]

일본의 천손강림신화와 가야의 건국신화

전후 〈기마민족정복왕조설〉을 주장하여 일본을 경천동지케 했던 에가미 나미오는 45년 후인 1997년《에가미 나미오의 일본고대사》를 출간했다. 그는 여기서 일본의 고사기와 일본서기상의 천손강림신화에서 나오는 강림 장소가 금관가야의 초대 왕이었던 수로왕의 강림 장소인 구지봉과 같은 장소이며, 보자기에 싸여 강림했다는 것도 수로왕의 신화와 같아 니니기의 조국이 가야의 땅임을 암시하고 있다고 주장했다.[244] 이와쿠라 사절단의 일원으로 구미를 순방하고 돌아와서 전 100권의《특명전권대사 구미회람실기》라는 보고서를 남긴 구메 구니다케久米邦武가《신도와 제천祭天의 고속古俗》에서 밝힌 것도 이와 유사한 맥락으로 보인다.

마쯔리는 모든 사람에게 평화와 행운을 기원하고 이것을 현실로 가져오려는 시도라 한다. 이곳 이즈모에서는 황실에서 대사가 파견되는 황실 마쯔리가 5월 14일부터 한 달간 열린다. 음력 10월 10일에는 일본 전국에서 8백만의 신들이 이곳에 모이는데 이들을 환영하는 카미무카에사이神迎祭, 그리고 이들 신성神性이 일주일 동안 펼쳐지는 카미아리사이神在祭가 열린다. 이즈모 다이샤는 전국 모든 신사의 종갓집이다. 그래서인지 참배 시 여기에선 두 번 절하고 네 번 손뼉을 치고(보통은 두 번 손뼉) 또 한 번 절한다.

낙후된 산인 지방

이즈모 다이샤에 갔다가 늦은 오후가 되어서 이즈모시의 숙소로 돌아오면서 보니 도시가 죽은 도시 같다. 사실 오카야마에서 야쿠모 특급으로 갈아탈 때 낡은 기차의 모습에 한 번 놀랐고 이걸 타고 산인 지방 쪽으로 들어서면서부터 차창 밖으로 펼쳐진 풍경에 또 한 번 놀랐다. 그동안 봤던 일본이 아닌가 싶은 생각도 들었다. 차창 바깥에는 산과 들밖에 보이지 않았고 어쩌다 보이는 마을의 풍경은 매우 낙후된 모습이었다. 산 정상 언저리와 동네 집들의 지붕에는 하얀 눈이 그대로 쌓여 있었다. 가와바타 야스나리는 "터널을 빠져나가자, 설국이었다."라고 했지만, 여기서 보는 눈밭은 그런 낭만적인 정취보다는 현실적인 낙후성이 더 가깝게 다가왔다.

일본은 총인구도 감소하고 있지만 지역적으로도 대부분의 지역에서 인구가 유출되고 있다. 일본의 총 47개 지역 중 경제적 역동성이 뛰어난 도쿄 권역, 오사카 등 간토 지역, 그리고 나고야, 후쿠오카를 제외한 전 지역에서 인구 유출을 겪고 있다. 산인 지방이 예외가 될 수 없음은 물론이다.[245] 매년 음력 시월에 이즈모 다이샤에 모이는 전국의 가미들도 이런 낙후된 모습에 마음이 편치는 않을 것 같다.

'적국항복' – 일본인들의 결기가 보인다

2월 5일, 일본 여행 14일 차다. 오늘 이즈모를 떠나 후쿠오카로 돌아왔다. 새벽에 이즈모를 떠나 특급열차로 신야마구치까지 와서, 신칸센으로 갈아타고 하카타로 왔다. 체크아웃하고 숙소를 나서는데 호텔 직원이 문밖까지 나와서 조심해 가라고 인사를 한다. 이럴 때 느끼는 건 일본 사람이 참 특별히 친절한 사람들이라는 거다. 이번 여행에서도 여러 번 느꼈다. 거리는 아직 캄캄하고 인적이 없다. 부슬부슬 내리는 비를 맞으며 가방을 밀며 역으로 가는데 불현듯 초등이 때 탐독했던 김찬삼 여행기가 생각났다. 지금 나의 이런 정도의 고생은 그에 비하면 아무것도 아닐 거야, 나 자신을 다독거리며 이즈모역에 도착했다.

6시 49분발 신야마구치행 산인특급 슈퍼오키라는 거창한 이름을 가진 기차가 플랫폼으로 들어왔다. 놀랍게도 달랑 2량짜리다. 낡아 보이기는 어제 탔던 야쿠모 특급과 크게 다르지 않다. 이곳 산인 지방의 교통 수요가 많지 않다는 말이다. 신

▲ 이즈모역에 들어온 돗토리현 망가 홍보 열차

야마구치까지 오는 데 구간에 따라 기차가 많이 흔들리는 곳이 있었다. 신야마구
치는 작년 3월 여행 시 2박을 했던 곳이다. 환승을 위하여 신칸센 플랫폼으로 나
오니 찬 빗줄기가 더 굵어졌다.

가메야마 상황의 신필, '적국항복'

하카타역 코인 로커에 가방을 넣어두고 버스터미널 빌딩에서 29번 버스를 타
고 하코자키궁부터 찾았다. 항만에서 가까운 하코자키와 하카타 일대는 1274년
10월 여몽 연합군이 상륙하여 일시적으로 점령한 지역이다. 하코자키궁도 이때
소실되었는데, 재건 후 누문에 '적국항복敵國降伏'이라는 편액을 걸었다. 이것은 가

▲ 하코자키궁의 '적국항복' 편액

메야마龜山 상황이 내려준 신필宸筆(왕의 친필)을 모사한 것이다. 당시 가메야마 상황은 원구 격퇴를 기원하는 기도와 함께 이 신필을 썼다고 한다. 이곳 신사에는 가메야마 상황의 목조상 봉안전이 있는데, 이 목조상의 높이는 6m로 히가시야마 공원의 가메야마 상황 동상을 만들 때 조각가 야마사키 초운이 사용한 것이다.

13세기 후반 쿠빌라이의 몽골제국은 고려를 강요, 혼성군을 조직하여 2차에 걸

341

쳐 일본을 침공하였으나, 태풍이 불어와 패퇴한 것으로 알려져 있다. 그러나 최근 일본 사학계는 당시 일본이 몽골을 물리치고 승리한 것은 가미카제가 아니라 하카타 연안에 방벽을 쌓는 등 철저한 대비와 일본군의 선전 때문이라는 견해를 제시하였다. 1차 침입 시 3만 명의 몽골 혼성군은 쓰시마섬과 이키섬을 거쳐 하카타에 상륙하여 지금의 하코자키궁 일대를 점령하고, 다자이후로 후퇴한 일본군과 대치한 후 자진하여 물러났다. 2차 침입 시에는 중국에서 출발한 강남군과 합류한 14만 명의 몽골 혼성군이 하카타에는 상륙지도 못하고 시카노시마志賀島에만 상륙하여, 한 달 가까이 머무르다 야간에 덮친 폭풍우로 함선에 막대한 피해를 보고 철수했던 바, 이런 상황을 볼 때 가미카제가 몽골군 격퇴의 주요 요인은 아니라는 견해다.[246]

당시 일본은 때마침 불어닥친 폭풍우가 몽골군을 휩쓸어 버렸다고 생각하고, 이를 가미카제神風라 하여 일본을 신의 보호를 받는 특별한 나라로 생각하게 되었다. 이런 생각이 태평양 전쟁으로까지 이어져 일본의 불행을 자초했는지도 모른다. 전쟁에서는 이겨야 한다. 항복은 곧 모든 자유의 박탈이다. 일본은 항복을 요구하러 간 몽골의 사신을 베어버리고, 하카타만에 방루를 쌓고 다자이후를 최후 방어선으로 결사 항전의 의지를 보였다.

몽골의 위협은 일본 전역에서 군대에 대한 열정을 강화했다. 일본인들은 전투에서의 완벽한 탁월함을 찾기 위해 군사적인 노력을 통해 정교함과 치사율을 새로운 수준으로 끌어올렸다. 일본은 극동에서 가공할 전투 세력으로 등장했다. 구로사와 아키라 감독의 영화 〈7인의 사무라이〉는 사무라이의 명예와 자기 헌신의 희생을 찬양한다. 선종禪宗은 전사들에게 강한 기질을 발현시키도록 격려했다. 노能는 비극이 대부분이었고 사무라이 무훈에서 끌어낸 주제를 상연해 군사 귀족이 선호하는 오락물이 되었다.[247]

하코자키궁의 부속 정원에서는 마침 〈겨울 모란전〉이 열리고 있었다. 겨울에 만개한 모란이라니, 일본의 정원과 화단, 꽃꽂이 문화는 서양과 비교해 봐도 뒤지지 않는다. 그 디테일이나 자연과의 어우러짐은 오히려 일본이 한 수 위로 보인다. 절이나 신사, 주요 관공서는 물론 개인 집까지, 크든 작든 섬세하게 꾸며진 화단과 조경은 감탄을 넘어 존경스러울 정도다. 일본 사람들의 이런 미적 감각은 대체 어디서 왔을까.

▲ 하코자키궁 부속 정원에서 열린 겨울 모란전

▲ 히가시 공원의 가메야마 상황 동상

▲ 히가시 공원의 니치렌 동상

버스를 잠깐 타고 히가시 공원으로 갔다. 공원 한복판에 단을 높이 쌓아 만든 가메야마 상황의 동상을 볼 수 있었다. 이 동상 대좌에도 '적국항복'이 새겨져 있다. 여기에 일본 니치렌슈日蓮宗의 창시자 니치렌日蓮의 동상도 있다. 니치렌슈(일연종)는 진종과 함께 일본의 독자적인 불교 종파다. 임진왜란 시 선봉장이었던 가토 기요마사가 니치렌슈의 독실한 신자였다. 니치렌은 '입정안국立正安國', 즉 정의를 바로 세워 나라의 평안을 도모한다는 사상을 선양하였고 몽골의 침략을 예언했다. 1260년의 일인데 우연히도 같은 해 쿠빌라이가 칸으로 즉위하였다.[248] 공원 입구의 원구元寇역사관은 유감스럽게도 휴관 중이었다.

《검푸른 해협》

1960년대 이노우에 야스시井上靖의 소설《검푸른 해협》은 원구의 침입을 소재로 당시 고려의 사정에 초점을 맞추어 썼다. 시작부터 흥미진진하여 나도 모르게 소설 속으로 빨려 들어가 단 하루 만에 읽었다. 역사 소설 내용의 90% 이상은 실제 역사를 바탕으로 한 논픽션이라고 한다. 특히 이 소설은 저자가 서문에서 "역사적 사실에 가까운 작품이 되었다."라고 밝혔듯이 픽션적 요소를 최소화한 작품이다. 이 소설에서는 1231년부터 시작된 몽골의 6차에 걸친 고려 침입과 쿠빌라이의 일본 정벌 시 고려의 강제 동원으로 인한 대략 50년간의 고려의 피폐상이 적나라하게 그려져 있다.

몽골의 일본 정벌 계획이 현실화하면서 전쟁 준비를 고려가 떠맡아 함선 900척과 소요 병력을 조달하면서 피폐는 극에 달했다. 1차 일본 원정이 실패로 돌아간 직후 고려의 상황에 대하여 이노우에 야스시는 이렇게 썼다.

"정벌군의 패전 모습도 비참했으나 산에서 나무란 나무는 모두, 경작지에서는 남자란 남자를 모두 빼앗긴 국토가 훨씬 비참했다. 도읍지에는 노인과 여자뿐이었다. 군병, 역부, 사공, 선원 합해서 고려에서는 1만 5천 명이 징발되었으나 어느 정도가 살아 돌아왔는지 짐작조차 할 수 없었다."[249]

고려가 몽골에 항복하고 개경으로 환도한 것은 오판이었다. 강화도의 동쪽 해안은 육지와 손짓하면 대답할 수 있는 가까운 거리였지만 당시 해군이 약한 몽골군은 문주산에 올라 깃발만 세워두고 시위하는 게 고작이었다. 고려 조정은 수운을 이용, 세수를 확보할 수 있었고, 강화도의 농토만으로도 1명이 농사를 지어 10명을 먹일 수 있었다고 한다. 400년 후 남한산성과는 달랐다. 항복 후 강화도의 내성과 외성은 모두 파괴되어 항복 결정이 치명적 오판이었음을 알았을 때는 이미 돌이킬 수 없었다. 이후 백 년의 몽골 지배는 고구려 이후 면면히 이어져 온 한국민의 기상이 꺾여버린 암흑의 시기였다. 삼별초의 항전을 높게 평가하는 이유다.

고대 외교와 국방의 최전선, 후쿠오카

히가시 공원을 나와 다시 버스로 움직여 마이즈루舞鶴 공원으로 갔다. 고로칸鴻臚館 유적과 후쿠오카 성터를 둘러보았다. 고로칸은 7세기경 하카타항 배후지에 세워진 외부 세계로 향하는 아스카, 나라, 헤이안 시대의 관문이었다. 7세기 후반부터 11세기 전반까지 약 400년간 신라나 당나라의 외교사절이나 상인의 접견용 숙소로 사용하였고 일본의 견신라사, 견당사가 나갈 때도 이곳 시설이 제공되었다. 고로칸은 고려 시대 외국 손님들이 머물렀던 개경의 천수원天壽院과 비교될 만하다. 예성강 어구의 벽란도碧瀾渡에서 배에서 내린 이슬람 제국이나 동로마 제국

▲ 고로칸 유적

에서까지 온 외국 손님들이 이곳에 와서 머물렀다 한다.[250] 천수원은 이녕李寧의 그림으로 송나라에까지 유명해졌다.

1987년 기와집들이 줄지어 서 있는 고로칸의 유구가 발견되었다. 이때 신라와 고려의 도기나 와당, 중국제 자기, 이슬람 도기, 페르시아 글라스 등이 함께 출토되어 국제적인 색채를 드러냈다. 교토나 오사카의 나니와難波에도 비슷한 목적의 시설이 있는 것으로 알려졌지만, 실제 유구가 확인된 곳은 이곳뿐이다.

견신라사가 견당사보다 더 많이 파견되었음에도 일본의 공식 자료나 안내 팸플릿 등에서 견신라사라는 용어를 찾아보기는 힘들다. 나만 해도 그동안 일본을 여행하면서 견신라사라는 용어는 이곳 고로칸 전시관에 비치된 자료에서만 보았다. 견당사는 8세기에 5회, 9세기에 2회, 모두 7회 파견된 데 비하여, 견신라사는 8세기에 16회, 9세기에 8회, 모두 24회 파견되었다. 한편 당나라에서는 일본에 한 번도 사신을 파견하지 않은 데 비해, 신라는 일본에 21회의 사신을 파견하였다. 이런 정황을 볼 때 일본은 당나라보다 통일신라와 더욱 밀접한 관계를 맺고 있었고 당연히 신라와의 문화 교류가 더 많았을 것이다.[251]

후쿠오카성은 세키가하라 전투에서 동군에 가담하였던 구로다 나가마사黑田長政가 에도 시대 초기에 도쿠가와 이에야스로부터 이곳을 영지로 받아 성 주위의 조

▲ 후쿠오카 성터에서 바라본 후쿠오카 시내

▲ 후쿠오카성 다몬야구라

카마치와 함께 만들었다. 후쿠오카라는 도시 이름도 그때 지어졌다. 이때부터 후쿠오카는 기존의 상업 중심지 하카타와 함께 규슈의 경제와 산업의 중심 도시로 발전하였다. 하카타는 11세기 중반 고로칸이 없어지고 송나라 상인들이 이주해 오면서 상업의 중심지로 발돋움했고, 류큐와 난반南蠻의 상선들이 기항하기 시작했다.[252] 후쿠오카성은 남겨진 성터로 보아 그 규모가 제법 컸던 것으로 보인다. 지금의 후쿠오카시는 과거 하카타와 후쿠오카가 합쳐진 것이다. 그래서 공항은 후쿠오카 공항이지만 신칸센 JR 역은 하카타 역이고, 항구도 하카타항이다.[253]

▲ 후쿠오카 시립미술관

후쿠오카 성터에서 오호리 공원 쪽으로 나왔다. 나의 이번 일본 기행 마지막 일정으로 후쿠오카 시립미술관을 보려 했는데, 아쉽게도 휴관 중이었다. 그러고 보니 오늘이 월요일이다. 공원 안 스타벅스에서 호수를 바라보며 커피를 한잔하는 것으로 이번 여행의 대미를 장식했다. 하지만 진정한 대미는 이날 내 만보계가 3만 보를 넘었다는 것이다. 오호리 공원에서 하카타역까지 버스 3~4구간을 탄 것을 제외하고는 지하상가도 구경하면서 쭉 걸어왔다. 후쿠오카의 지하상가는 정말 컸다. 날씨도 따뜻한 곳인데 지하상가가 이렇게 발달했을까 의문이 생겼다. 땅값이 비싸서일까. 캐나다의 몬트리올같이 추운 곳에서는 지하 도시가 만들어질 정도지만, 여기가 몬트리올의 지하 도시보다 커 보인다.

일본에서는 시내버스를 타자

이번 일본 여행을 하면서 시내버스를 많이 탔다. 버스로 오가면 지하철과 달리 환한 거리의 모습을 볼 수 있어서 좋다. 일본에서는 버스 타기가 편리하다. 동전만 있으면 만사형통이기 때문이다. 우리나라 버스는 언젠가부터 돈을 받지 않는다. 이건 법정 화폐 유통을 방해하는 것일뿐더러, 교통카드가 없는 외국인들이 버스 타기가 어렵다.

일본에도 교통카드가 있지만 동전을 내고 타는 게 여러모로 편하다. 동전이 없으면 기사 옆 동전 교환기에서 천 엔 지폐를 넣고 동전으로 바꾸면 된다. 도시 구석구석 시내버스가 안 가는 곳이 없다. 약간의 방향 감각만 있으면 망설이지 말고 그냥 올라타면 된다. 일본의 시내버스 기사들은, 적어도 내가 보기엔, 세계 최고다. 대형차를 어찌 그리도 편하게 살살 모는지, 게다가 친절하기까지 하다. 삿포로에서는 마이크를 잡고 정거장마다 도착, 출발 안내까지 해주었다.

14박 15일의 일본 여행을 마쳤다

⛩️

2월 6일, 일본 여행 15일 차 마지막 날이다. 오늘 귀국길에 오른다. 오랜만에 아침 늦게 일어나는 만용을 부렸다. 새벽 3시쯤 일어나 페이스북 포스팅을 하고 5시가 넘어 다시 자고 일어났다. 그동안 당일 포스팅을 원칙으로 열심히 올렸다. 포스팅 도중 핸드폰을 잡고 그대로 잠든 일도 있을 정도로 몸은 피곤하지만, 얻는 게 많다. 나 자신, 다녀온 곳의 이름이라도 찾아보고 어떤 곳인지 대충이라도 검색하게 된다. 그리고 포스팅하면 존경하는 페이스북 친구들이 이런저런 의견들을 달아 준다. 이런 과정에서 또 내가 몰랐던 것을 알게 된다. 똑같은 돈을 들이고 여행을 다녀와도 여행으로 얻는 지식과 경험의 격차는 자못 클 것이다.

이번 여행에서는 무인 호텔을 2번 이용해 봤다. 처음에는 좀 불편한 듯했지만 이내 익숙해졌다. 운영자에게 인건비가 덜 들어가는 만큼, 손님들도 높은 가성비를 얻을 수 있다. 무인 호텔이라지만 낮에는 알바 직원이 꼭 있어, 익숙지 않은 손

▲ 후쿠오카 공항 계류장으로 들어온 우리의 날개 대한항공

님을 도와준다. 혁신이란 게 별건가. 안 해본 걸 시도해 보는 것이다.

일본인들의 친절은 높이 평가할 만하다. 버스 기사도, 심지어는 철도 역무원이나 기관사조차도 물어보면 대부분이 잘 대답해 준다. 수동적인 친절을 넘어 능동적인 친절도 보인다. 예를 들어 뭔가를 구입하거나 입장권을 살 때도 무리가 예상되면 꼭 되물어 온다. 괜찮겠냐고. 국민성이나 민족성의 존재 자체를 부인하기도 하지만, 내가 볼 때는 그게 있다. "그냥 사람은 없다. 오직 프랑스인이 있고, 영국인이 있고, 러시아인이 있을 뿐이다."라는 말도 있지 않나.

후쿠오카 공항에서 체크인하고 들어와 사 먹은 650엔 닭튀김 덮밥은 값도 싸고 맛도 좋았다. 간단히 요기하고 싶은 사람들에게 딱 맞았다. 맛있는 일본의 기억을 안고 이제 돌아간다. 눈을 크게 뜨고 열린 가슴으로 쏘다녔다. 14박 15일의 이번 일본 여행은 나에게 적어도 1년 이상 공부할 과제를 던져 주었다. 반가운 일이다.

日本

제
3
부

쓰시마와 홋카이도를 찾아서

▲ 홋카이도 대학 박물관

⛩

조선을 향한 일본의 대외 창구, 쓰시마
2019년 5월

쓰시마는 원래 하나의 섬이었다

지난 주말 친구들과 1박 2일간 쓰시마(이하 대마도)를 다녀왔다. 서울에서 아침 6시 KTX를 타고 부산에 도착, 11시 대마도행 오션 플라워호에 승선, 2시간 만에 대마도의 수도인 이즈하라항에 도착하였다. 첫날 이즈하라 시내를 둘러보고 다음 날 대마도의 남, 북섬을 연결하는 만제키바시萬關橋를 건너 북섬으로 넘어와 아소만의 절경과 와타즈미 신사를 보고 부산항이 보인다는 한국 전망대와 미우다 해수욕장을 거쳐 히타가츠로 와서 오후 4시에 대마도를 떠났다. 원래 대마도는 하나의 섬이었다. 그런데 일러전쟁 시 일본 해군이 은밀하게 어뢰정을 통과시키려고 인공 운하인 만제키세토萬關瀬戸를 만들어 두 개의 섬으로 나누어졌다.

이즈하라嚴原 시내다. 길거리 보도블록을 보아도 한 치 어긋남 없이 촘촘하게 잘 깔려 있고, 시내 박물관 공사장에는 건축 허가증이 38장이나 붙어 있다. 건축

규제가 까다로운 만큼 길거리 구조물이나 건물들은 안전할 것이다. 도심의 시내를 흐르는 하천은 맑고 깨끗하여 물고기들이 환하게 들여다보인다. 삼나무, 편백나무 숲의 향기가 우리 일행들을 상쾌하게 한다. 자동차는 거의 모두 박스형 소형차다.

대마도는 제주도의 4할 정도 되는 땅에 해안선의 길이는 제주도의 2배 정도다. 그만큼 해안선이 길고 복잡한 리아스식 해안이다. 인구는 과거 10만 명에서 이제 는 3만 명 정도라 한다. 제주도가 60만 명이라 하니 대마도 인구보다 무려 20배나 많다.

▲ 쓰시마섬의 리아스식 해안

▲ 이즈하라 숙소에서 본 바다 야경 / 오징어 배 불빛

이번 대마도 방문으로 3명의 역사상 인물을 알게 되었다. 대마도 초대 번주였던 소 요시토시와 아버지를 따라 부산으로 와서 소년 시절부터 조선과 인연을 맺고 춘향전을 최초로 외국어(일어)로 번역한 나카라이 토스이, 그리고 그의 영원한 정인情人이었던 히구치 이치요다.

대마도는 조선을 치기 위한 전초기지였나,
조선과의 화평에 앞장섰던 선린이었나

이즈하라 시내 중심 주택가인 나카무라中村 지구 초입에는 대마도를 5백 년간 다스려 온 소씨 집안의 소 요시토시宗義智의 동상이 있다. 그는 대마도의 초대 번

주로서 도요토미 히데요시의 휘하에 있었던 고니시 유키나가小西行長의 사위가 되었다. 고니시 유키나가는 임진왜란 시 왜군의 선봉장으로 동대문으로 서울에 무혈 입성했다. 그는 '아고스티뇨'란 세례명을 가진 천주교도로서 그레고리오 세스페데 예수회 선교사를 한반도에 데리고 왔다. 고니시 유키나가는 임진왜란이 끝나고 벌어진 세키가하라 전투에서 서군으로 참전했다가 패하여 참수되었다. 그는 '기리스탄'으로서 끝내 할복하지 않고 참수를 택했다고 한다.

▲ 소 요시토시 동상

소 요시토시도 천주교 신자였으며 임진왜란이 일어나기 전, 조선에 통신사 파견을 요청하라는 도요토미 히데요시의 명을 받아 조선에 왔다. 류성룡의 징비록에는 요시토시가 젊고 정력이 넘치고 성품이 사나워서 다른 일본인들이 몹시 두려워하였다는 기록이 있다.[254] 그는 임진왜란이 일어나자 5,000명의 병력을 이끌고 참전하였고, 전후에는 조선과의 국교 회복에 앞장섰다. 그의 동상 하단에 있는 동판 설명이다.

> "그는 조선과의 우호 통상에 봉사한 삶을 살았다. 임진왜란 이후 도쿠가와 이에야스로부터 조선과의 관계 회복을 명받고 10년에 걸쳐 노력한 끝에, 1607년 조선통신사의 초빙에 성공했고 1609년 기유약조를 맺어 임진왜란 이후 끊어진 조선과의 교류를 재개하는 데 앞장섰고 도쿠가와로부터 그 공로를 인정받아 독립적으로 조선과 교역할 수 있는 허가를 받았다."

▲ 이왕가종가백작어결혼봉축기념비

후일 그의 집안 9대손인 소 다케유키宗武志가 고종의 막내딸 덕혜옹주와 결혼했다. 덕혜옹주는 소 다케유키와 결혼한 후 시가인 대마도에 들러 시가 식구들에게 인사를 하고 갔다. 이즈하라에는 지금도 이들의 결혼을 기념하는 '이왕가종가백작어결혼봉축기념비李王家宗家伯爵御結婚奉祝記念碑'라는 긴 이름의 기념비가 있다. 일제 시대 이왕가로 격하된 조선 왕가와 대마도의 소씨네 백작 집안 간의 결혼을 축하하는 기념비라는 뜻이다. 덕혜옹주의 이 결혼은 끝내 이혼으로 끝났다. 이런 역사를 아는지 모르는지 봄에 붉은 잎이 돋아나는 홍가시나무들을 기념비 주위에서 볼 수 있었다.

나카라이 토스이와 그의 영원한 정인 히구치 이치요

이즈하라의 나카무라 지구에는 여기에서 태어난 메이지, 다이쇼 시대의 인기 작가였던 나카라이 토스이半井桃水의 기념관이 있다. 그의 집안은 번주인 소씨의 주치의 집안이었다. 토스이는 어릴 때 부친을 따라 부산의 왜관에서 살면서 한국과 인연을 맺었고 한국어를 익혀 1882년 춘향전을 일어로 번역하였다.《계림정화 춘향전鷄林情話 春香傳》이란 제목의 일어 춘향전은 최초의 외국어 번역 춘향전이다. 그는 아사히 신문의 촉탁으로 서울에 와 있다가 1882년 때마침 일어난 임오군란을 현지 취재하였으며 이후 문단에 등단하여《오시츤보啞聾子》를 발표하는 등 유려한 문체로 독자들을 매료시켰다. 1891년 아사히 신문에 연재되었던 그의 소설《조선에 부는 모래바람》은 한국어로 번역되었다.

한편 토스이로부터 문학 지도를 받았던 히구치 이치요樋口一葉와의 이루지 못한 사랑 이야기는 그녀의 일기를 통하여 세상에 알려지게 되었다. 도쿄의 유곽 동네를 배경으로 한 성장 소설《키 재기》로 일본의 국민 소설가로서 명성을 얻은 이치요는 게이샤 등 일본 하층민 여성을 소재로 한 것 등 모두 22편의 소설을 발표하였다. 이치요는 25세의 나이로 짧은 생을 마감하였지만, 그녀의 문학 스승이자 마음속의 정인이었던 토스이를 향한 연민은 지금도 이어지고 있는 듯하다. 2004년 발행된 5천 엔권 지폐에는 이치요의 초상이 담겨 있다.

누가 더 해양 진취적인가

대마도는 일본보다 한국에 더 가까이 있지만 고대로부터 일본 땅이다. 663년 일본이 백촌강 전투에서 대패한 이후 반도로부터의 침공에 대비해 대마도에 쌓은 백제식 산성이 가네다성이다. 원래 한국 땅인 대마도를 일본에 빼앗겼다는 생각은 오류다. 지리적으로 가까운 섬들이 더 멀리 떨어져 있는 나라에 속하는 경우는 얼마든지 있다. 해양 영토를 결정하는 기준은 물리적인 거리가 아니다. 터키의 소아시아 반도에 바짝 붙어 있는 많은 섬이 터키가 아닌 그리스 섬들이다. 아마도 누가 더 해양 진취적인가에 달려 있을 것 같다.

동해 바다를 건너며
2019년 9월

지난주 일본에 오면서 동해 바다를 건넜다. 10시 10분 인천공항을 이륙한 대한항공 765기는 곧장 기수를 북으로, 그리고 다시 동으로 돌려 U턴을 하면서 아슬아슬하게 휴전선 남단을 타고 날아갔다. 휴전선이 지

▲ 기내 창밖에 비친 동해 바다

척이라 생각하니 왠지 모르게 콧등이 시큰해짐을 느꼈다. 나이 탓일까? 필경 까닭 없는 감정의 분출은 아니리라.

통일, 이대로는 안 된다!

지금 한반도에는 완전히 다른 삶을 살고 있는 두 종류의 사람들이 있다. 자유세계에서 70년 이상을 살아온 남쪽 사람들과 공산 치하에서 살아온 북쪽 사람들이

다. 한반도 북쪽 사람들은 김일성이 만들어 놓은 세습 왕조에서 마치 조선 시대의 노예 같은 삶을 아직 이어가고 있다. 《지리학이 중요하다》를 쓴 알렉산더 머피는, "파주에서 태어난 아이와 여기서 불과 25km 떨어진 개성에서 태어난 아이의 운명은 완전히 달라진다."라고 했다.[255] 비행기가 휴전선에 근접해 있다는 생각이 들자 북녘 동포들에 대한 연민이 솟구쳤으나, 동시에 내 마음은 단호해졌다. "아, 잊자. 북한을 잊자!"

나는 지난 6월 베를린에서 열린 한 통일 심포지엄에서 비스마르크의 소독일주의에 의한 통일 정책이 지금의 한반도에 주는 시사점을 제기한 바 있다. 프로이센이 오스트리아와의 전쟁에 이겼지만, 오스트리아를 버리고 프로이센 주도로 통일의 길을 갔듯이 지금 대한민국은 더 이상 북한의 인질로 잡혀 있어서는 안 된다. 북한을 버려야 우리가 산다. 남북한은 프로이센과 오스트리아의 부적합성을 훨씬 뛰어넘는 현 지구상에서 가장 극심한 '부적합성incompatibility'을 갖는 나라의 조합이다. 한쪽은 공산주의 국가라고 할 수도 없는 세습 왕조 집단이지만, 다른 한쪽은 자유민주주의와 시장경제로 세계에서 가장 성공한 나라다. 지금과 같은 남북한의 극심한 부적합성으로 통일은 가능하지도 않지만, 통일한다고 하더라도 의미가 없다. 이것은 내 개인적인 생각만은 아니다. 내가 독일에서 만났던 많은 정치학자의 일치된 견해다.

누가 민족경제를 들먹이는가, 누가 북한의 값싼 노동력과 지하자원을 이야기하는가. 이것은 경제적 타당성이 전혀 없는 신기루를 좇겠다는 미망에 불과하다. 동서독 통일 직후 베를린 인근 동독 지역에 투자했던 삼성코닝 공장이 20년 만에 결국 손들고 철수했다. 사회주의에 물든 노동력은 결코 싸지 않다. 명목 임금은 싸지만, 사회주의 스타일의 노동 습관은 노동생산성을 현저히 낮춘다. 결국 경제적으로 의미 없는 비지떡일 뿐이다. 지하자원도 경제적인 타당성이 없기는 마찬가지다. 세계적으로 지하자원 많은 나라치고 제대로 잘사는 나라가 드물다. 오히려 변변한 지하자원이 없는 일본과 독일 그리고 한국이 잘산다.

이런저런 상념에 사로잡혀 있을 때 비행기는 한반도 허리를 가로질러 동해로 나갔다. 11시쯤 기내식으로 아침을 먹고 베르디의 오페라, 나부코에서 나오는 〈노예들의 합창〉을 듣노라니 어느덧 하늘 아래로 또 다른 땅, 일본이 보였다. 그런데 이게 웬일인가, 또다시 콧등이 찡해짐을 느꼈다.

▲ 삿포로 근교 〈아타마 다이부츠: 부처의 언덕〉 안도 다다오 작품

일본은 정녕 '가깝고도 먼' 나라인가

동해를 가로질러 오면서 한일 관계를 생각해 봤고 구름 아래로 일본 땅을 보면서 일본은 과연 어떤 나라일까에 생각이 미쳤다. 가깝고도 먼 나라, 일본이 아닌가. 임진왜란, 정유재란으로 7년에 걸쳐 한반도를 겁탈했다. 20세기에 들어오면서는 조선을 식민지로 삼았다. 이렇게만 본다면 우리의 잘잘못을 떠나서 어쨌든 일본은 원수 같은 나라다. 먼 나라다. 적어도 과거로만 본다면 그렇다.

그러면 우리는 앞으로도 일본과 먼 나라로 살아야 할까? 그렇지 않다. 세계화 시대다. 일본은 세계에서 손꼽는 경제 강국, 과학 강국이다. 그들 나름대로 엄청난 각고의 노력으로 동양에서는 처음 세계 강대국의 반열에 올랐다. 1905년 일러전쟁에서 승리하여 세계를 깜짝 놀라게 했다. 노벨상도 27명이나 받았다. 그것도 대부분 물리학, 화학, 의학 분야에서다. 이런 친구를 옆에 두고 있으니, 우리도 보고 배워야 하지 않겠나.

한국전쟁 때 일본은 후방 기지 역할을 톡톡히 해냈다. 일본은 전쟁 내내 미국 공군과 해군의 발진 기지가 되었다. 일본이란 섬이 마치 한국전쟁을 위해 참전한 거대한 항공모함 같았다. 당시 미군 부대에는 많은 일본인 기술자가 고용되어 있었고 인천상륙작전 시에는 해병대를 수송하는 전차상륙함LST 47척 중 37척을 일본인 선원이 몰았다.[256] 원산 상륙 시에는 기뢰 제거 작전에도 참여했다. 사실상의 참전국이었다. 한일기본조약을 맺고 국교를 정상화한 이후 일본의 경협 자금과 민간 자본이 들어왔고 기술 제공도 이루어졌다. 우리는 이렇게 해서 경부고속도로를 만들고 포항제철을 세워 경제 개발을 시작했고 서울의 첫 지하철도 만들었다. 우리는 이승만, 박정희라는 걸출한 지도자를 만나 미국이 지켜주고, 일본과 독일이 도와주어 세계 경제사를 새로 쓸 수 있었다.

몇 년 전 CNN 방송에서 일본 정부가 그들의 아시아에 대한 대외원조 실적을 광고하는 것을 보았다. 그때는 "비싼 광고비를 들여 생색을 낼 게 아니라 그 돈으로 원조라도 더 하는 게 좋지 않을까?"라고 생각했지만, 다른 한편으로는 "일본이 오죽하면 저런 광고를 하게 되었을까."라는 생각도 든다. 우리만 해도 일본이라면 과거지사만으로 온통 부정적으로 생각하지 않나? 일본에 관한 한 모든 것은 일방적이고 단선적이고 부정적이다. 같은 식민지 지배를 받았던 대만 사람들이 일본에 대하여 갖는 생각은 우리와 달리 매우 긍정적이다. 우리도 편견을 깨고 좀 더 넓고 객관적인 시각으로 일본을 봐야 한다.

한 · 일 간 과거사 문제를 풀어 나가기 위하여 가장 중요한 것은 정부가 할 일과 민간이 할 일을 구분하는 것이다. 역사 문제만 해도 정부가 계속 나설 것이 아니라 민간 학자들의 몫으로 남기는 게 좋을 듯하다. 일본의 식민지 지배 문제도 한일기본협약으로 정부 차원에서는 일단 매듭지어졌고 또 일본이 정부 차원에서 여러 번 사과를 한 것도 분명한 일이고 보면 이것을 우리 정부가 계속 문제 삼는 것은 바람직하지 않고 성과도 없을 것이다. 차라리 민간 학자들이 더욱 폭넓고 심도 있는 연구로 학계나 문화계를 통해 제대로 조명하고 비판하도록 세계 여론을 움직일 수 있다면 매우 현실적이고 효과적인 접근이 될 것이다. 일종의 '동료 심사peer review'다. 만약 노벨 문학상을 받는 걸출한 문학작품이라도 남긴다면 이것보다 더 좋을 순 없겠다.

⛩

"청년들이여 야망을 가져라!"
2019년 9월

지난주 삿포로에 도착한 다음 날 홋카이도北海道 대학 캠퍼스를 방문했다. 내가 앞으로 1년간 방문 학자로 머무르게 될 학교다. 삿포로 도심에 있는 홋카이도 대학은 거대한 녹지와 수목들을 자랑하는 도심 한복판의 오아시스다. 서울시 면적의 4분의 1이 넘는 학교 부지와 연구림, 식물원 등을 갖추고 있으며 삿포로 시내본 캠퍼스만 여의도 면적 정도이다.

18,000명의 학생과 6,250명의 교직원을 가진 연구 중심 대학이다. 대학 내 휴게실에 비치된 홍보 전광판을 보니, "왜 홋카이도 대학인가?"라는 질문에 "세계가 인정한 연구 성과가 있다"로 답하고 있다. 노벨상을 받은 이 학교 졸업생이 있다. 스즈키 아키라鈴木章인데 2010년에 화학상을 받았다. 2018년도 일본 내 대학 순위가 7위로, 화학, 재료과학, 생물학, 생화학 분야가 강하다.

▲ 홋카이도 대학 구내 / "야망을 가져라"("대지를 품어라")

홋카이도 대학의 전신은 1876년 창립된 삿포로 농학교다. 이 농학교에서 세계
적으로 유명해진 두 인사를 꼽으라면, 이 삿포로 농학교의 설립을 지원하고 학생
들을 가르친 후 떠날 때 학생들에게 "Boys, be ambitious!"란 불후의 말을 남겼던
윌리엄 클라크William Clack 교수와 이 학교 2회 졸업생으로서 《부시도 Bushido》라는
공전의 베스트셀러를 쓰고 나중에는 국제연맹 사무차장을 지냈던 니토베 이나조

新渡戸稲造일 것이다.

1877년 4월 클라크 교수가 미국으로 돌아가면서 배웅 나온 학생들에게 남긴 유명한 말이 바로 "Boys, be ambitious!"이다. 나는 중학교 때《성문 핵심영어》에서 이 말을 처음 접했는데, 이 말은 "January the first is the greatest liar"란 말과 함께 학창 시절 내내 나의 좌우명이 되었다. 이 말은 1886년 클라크가 사망할 때까지도 세간에 알려지지 않고 있다가 1894년 안도 이쿠사부로라는 학생이 삿포로 농대 문예지에 소개하였고 1898년 삿포로 농대 교지에서 재차 소개되어 세간에 점차 알려지게 되었다.

니토베 이나조는 삿포로 농학교 2회 졸업생으로 클라크 교수의 영향으로 기독교도가 되었다. 그는 1877년 삿포로 농학교에 입학하였는데, 삿포로 농학교는 당시 일본 전국에서 학사 학위를 받을 수 있는 유일한 학교였다. 그는 존스 홉킨스 대학과 독일의 본, 베를린, 할레에서 유학하고 〈일본의 토지 소유〉라는 논문으로 박사 학위를 받았다. 교토제국 대학에서 가르쳤고 도쿄여대를 설립하여 초대 총장을 지냈다. 그는 영어와 독일어로 책을 썼으며 미국인과 결혼하고 일본, 미국, 대만 등에서 생활하였고 캐나다의 빅토리아에서 사망하였다. 농경제 학자, 저술가, 교육가이자 사상가이며 나중에는 외교관으로 국제연맹 사무차장을 지냈다. 한때 일본의 5천 엔권 지폐에 그의 초상이 들어가 있었다.

그는 식민정책 전문가로서 대만에 고문으로 파견되어, "식민지화는 문명을 전파하는 일이다."라고 식민정책을 옹호하였다. 그러면서도 당시 유럽 제국처럼 식민지를 단순히 경제 자원화하는 것을 비판하였고 식민지 주민의 이익을 중시하는 입장에 섰으며 일본의 군국주의 팽창에 대하여도 반대하였다.

이 두 사람 말고 내가 개인적으로 평가하고 싶은 이 학교 졸업생이 또 있다. 바로 최고령 에베레스트산 등정자인 미우라 유이치로三浦雄一郎다. 2003년 70세로 에베레스트산 등정에 성공했고 2013년 80세에 다시 에베레스트산 등정에 성공하여 자신의 기록을 갈아 치웠다. 그는 젊었을 때인 1970년 스키를 타고 에베레스트산 South Col이란 지점에서부터 수직 거리로 약 1,280m를 내려왔던 와일드 스키의 기록 보유자이기도 하다. 나는 미우라 유이치로보다 한참 더 젊다. 그는 80세에 에베레스트산을 등정했는데, 내 나이로는 무엇을 할 수 있을까?

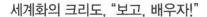

세계화의 크리도, "보고, 배우자!"

이렇게 두 번의 일본 여행을 마쳤다. 총 27박 29일간의 여행이었다. 일본의 역사 현장을 눈으로 보고 몸으로 느꼈다. 첫 13박 14일의 여정에서, 신칸센으로 3,680km를 이동했고, 총 26만 8,000보를 걸어서 하루 평균 1만 9,000보를 걸었다. 두 번째 14박 15일의 여정에서는 신칸센으로 1,800km를 이동하고, 총 30만 8,000보를 걸어 하루 평균 2만 500보를 걸었다. 아마도 내 생애 가장 역동적인 날들이 아니었는지.

첫 여행에서 돌아와 몸무게를 재어보니 떠날 때보다 1.5~2kg 정도 늘었다. 그렇게 몸을 움직이고도 몸무게가 늘다니 자못 놀랍다. 4년 전인 2019년 여름 독일 자유여행 때는 1.5~2kg이 빠져서 돌아왔었다. 무슨 차이일까? 혹시 내가 독일 병정이 아니라 토착 왜구 체질이란 말인가? 그런데 두 번째 일본 여행에서는 1~1.5kg이 빠졌다. 고개가 잠시 갸우뚱해진다. 무슨 차이일까? 걸음 수도 거의 같았는데, 갑자기 무릎이 쳐진다. 한 가지 뚜렷한 게 잡힌다. 첫 여행에서는 거의 날마다 저녁에 생맥주를 한두 잔씩 마시고 갔다. 그런데 두 번째 여행에서는 하룻저녁에만 생맥주를 마셨다. 그리고 보니 맥주가 주범이다.

일본인들은 친절하면서도 질서 순응적이다. 사람들이 많이 모여 있어도 왠지 혼란함 같은 건 보이지 않는다. 줄 서기의 세계 챔피언이다. 일본은 볼 게 많고, 배울 것도 많지만, 특히 여행하기 좋은 나라다. 숙소는 비싸든, 싸든 한결같이 정갈하다. 식당의 질도 평균적이어서 어느 식당에 가더라도 크게 낭패하는 법은 없다. 혼자 들어가더라도 2인석이나 4인석을 흔쾌히 권해 준다. 진정한 오모테나시 정신의 발로가 아닐까.

2019년 9월 내가 홋카이도 대학에 방문 학자로 가 있는 동안 "한·일 간 시민사회와 언론인 심포지엄"이 열렸다. 여기서 공공정책 대학원 엔도 켄遠藤乾 원장의 아래 개회사가 유의미하게 다가왔다. 앞으로 우리가 한·일 관계를 어떻게 끌고 나가야 하는지를 곰곰 생각해 보게 한다.

"현재 한·일 관계는 정부 차원에서만이 아니라 국민 차원에서도 등을 돌린 전후 최악의 관계이며 미국의 중재도 기대할 수 없고 앞으로 더 악화할 가능성마저 있다. 하지만 그런 가운데서도 무엇이 불만인지를 표현하는 대화는 이어 나가야 하며, 이 대화는 서로 솔직하되 존경을 담는 것이어야 하고, 혐오나 "일본(한국) 사람은 원래 그래"라든가 "그 사람은 친일파(친한파)야, 토착 왜구야"와 같은 본질주의적인 표현은 삼가야 한다. 이런 몇 가지 원칙만 지킬 수 있다면 위안부든 독도든 무엇이든 의견과 불만을 표현하는 솔직 담백한 대화가 도움이 될 것이다."[257]

한·일 고대 관계사에 관한 동·서양의 많은 저작이 있지만, 결국 그 문헌상 원천은 일본서기와 고사기에 집중되어 있다. 물론 삼국유사나 삼국사기에도 부분적으로 나타난다. 전문가가 아니더라도 이 책자들은 꼭 한번 원전을 읽어 보기 바란다.

우리는 원전原典 문헌을 보는 일이 많지 않다. 그러나 이중 삼중으로 인용된 책들로는 실상을 제대로 파악하기 힘들다. 여러 번 인용되면서 의미가 달라지는 경우도 있다. 더욱이 고대 역사는 천 년도 더 지난 일들이다. 일본의 대학 도서관에서는 우리와 달리 도서관 1층 이용자들의 출입이 제일 많은 곳의 서가에 원전을 집중적으로 배치하고 있어 누구든 원전에 쉽게 접근할 수 있다. 물론 서양이나 중국 등 많은 외국 원전 중 학문적으로 의미가 있는 것들은 거의 다 번역되어 있다. 우리도 원전의 번역에 좀 더 집중하고 원전의 활용도를 높여야 한다.

조선을 사랑한 야나기 무네요시柳宗悅는 100년 전 이렇게 말했다.

> "일본의 문명이 조선(한국)의 미를 통해 태어났다는 사실만은 불변의 것이다. 사람들은 왜 이 뚜렷한 사실을 좀 더 의식하지 않는 것일까. 이 의식이 강해지면 조선에 대한 우리의 태도는 틀림없이 변하게 될 것이다. 그 탁월한 예술에 대한 무식이 얼마나 이웃 나라에 대한 이해를 방해하고 있는지 모른다."[258]

야나기 선생의 이 지적처럼 일본인들도 한국 문화에 대한 올바른 이해가 필요하겠지만, 우리도 마찬가지다. 일본 문화에 대한 인식을 높이고, 우리 고대 문화의 탁월함에 대한 인식도 새롭게 해야 하지 않을까. 우리가 모르면 외국인에게도 제대로 알릴 수 없다. 왜곡된 한·일 간 고대 관계사에 대한 인식은 미래에도 왜곡된 역사를 만들어 낼 것이다.

하버드 대학의 마틴 푸크너Martin Puchner 교수는 "문화란 한 공동체의 자산으로 만들어진다기보다 다른 문화와의 만남에 의해 만들어진다"는 문화의 순환과,[259] 또한 "무언가가 본래 어디서 나왔는지보다 훨씬 더 중요한 것은 우리가 그것을 가지고 무엇을 하느냐."라는 실용적인 통찰을 강조했다.[260] 경청할 만한 말이다.

어쨌든 이 책은 여행기다. 이해하기 어려운 책은 아니지만 일본의 전후 대표적인 지식인이라는 가토 슈이치도 교토와 나라를 여행하기 전까지만 해도 이 고도들에 관한 여행기를 끝까지 읽어 내지 못했다고 한다. 하지만 그곳을 다녀온 후에는 그 여행기들이 그렇게 재미있을 수가 없었다고 했다.[261] 이 책도 일본 여행을 갔다 온 독자 여러분들에게만큼은 책값을 하면 좋겠다.

주마간산 격으로 살펴본 '독일 병정'의 일본 역사 기행문을 이제 마친다. 우리는 일본을 몰라도 너무 모른다. 일단 알아야 이기든, 지든 할 게 아닌가. 물론 일본을 이기자는 극일 자세가 꼭 바람직한 건 아니다. 작가 한수산 씨의 말대로 벚꽃도 사쿠라도 봄에 피긴 마찬가지다. 일본이든 독일이든 훌륭한 이웃이 있다면 일단 보고 배워야 하지 않겠나, 세계화 시대의 진정한 크리도credo다.

참고 문헌 미주

1. 니코스 카잔차키스 지음, 이종인 옮김, 《일본 · 중국 기행》, 119쪽.

2. Ezra F. Vogel, 《Japan as Number One》, 225쪽.

3. 이마타니 아키라 지음, 이근우 옮김, 《무가와 천황》, 150쪽.

4. 마리우스 B. 잰슨 지음, 김우영, 강인황, 허형주, 이정 옮김, 《현대일본을 찾아서 1》, 65쪽.

5. 야마모토 시치헤이 지음, 고경문 옮김, 《일본인이란 무엇인가》, 373쪽.

6. 위의 책, 288쪽.

7. 니코스 카잔차키스 지음, 이종인 옮김, 《일본 · 중국 기행》, 125쪽.

8. 야마모토 시치헤이 지음, 고경문 옮김, 《일본인이란 무엇인가》, 289쪽.

9. Bernhardus Varenius, 《Descriptio Regni Japoniae》, 1649년/ Ernst-Christian 독일어 번역, 《Beschreibung des Japanischen Reiches》, 1974년, 158쪽.

10. 위의 책, 122쪽.

11. 위의 책, Kommentar B, 222쪽.

12. 김시덕 지음, 《동아시아, 해양과 대륙이 맞서다》, 118쪽.

13. 김시덕 지음, 《일본인 이야기》, 351쪽.

14. 孫崎享, 《日本國の正体》, 66~67쪽.

15. 태가트 머피 지음, 윤영수, 박경환 옮김, 《일본의 굴레》, 45쪽.

16. 존 카터 코벨 지음, 김유경 편역, 《부여기마족과 왜倭》, 166쪽.

17. 에드윈 오 라이샤워 지음, 조윤수, 성은영 옮김, 《일본, 과거 그리고 현재》, 21쪽.

18. 피타 켈레크나 지음, 임웅 옮김, 《말의 세계사》, 560쪽.

19. 아미노 요시히코 지음, 김시덕 옮김, 《고문서 반납 여행》, 41쪽.

20. 나카쓰카 아키라 지음, 이규수 옮김, 《일본인이 본 역사 속의 한국》, 37쪽.

21. 江上波夫,《江上波夫の日本古代史》, 288~324쪽.

22. 江上波夫,《江上波夫の日本古代史》, 322쪽.

23. J. Edward Kidder,《Japan before Buddhism》/ Hans G. Schürmann 독일어 번역,《Alt-Japan》, 162~163쪽.

24. 江上波夫,《江上波夫の日本古代史》, 303~305쪽.

25. 에즈라 보걸 지음, 김규태 옮김,《중국과 일본, 1,500년 중·일 관계의 역사를 직시하다》, 29~35쪽.

26. 윌리엄 엘리엇 그리피스 지음, 신복룡 옮김,《은자의 나라 한국》, 60쪽.

27. 나카쓰카 아키라 지음, 이규수 옮김,《일본인이 본 역사 속의 한국》, 53쪽.

28. 윌리엄 엘리엇 그리피스 지음, 신복룡 옮김,《은자의 나라 한국》, 61쪽.

29. 티머시 스나이더 지음, 유강은 옮김,《가짜 민주주의가 온다》, 155쪽.

30. 에드윈 오 라이샤워 지음, 조윤수, 성은영 옮김,《일본, 과거 그리고 현재》, 37쪽.

31. 야마모토 시치헤이 지음, 고경문 옮김,《일본인이란 무엇인가》, 20쪽.

32. 알렉스 커 지음, 윤영수, 박경환 옮김,《사라진 일본》, 172쪽.

33. 니코스 카잔차키스 지음, 이종인 옮김,《일본·중국 기행》, 140쪽.

34. 마리우스 B. 잰슨 지음, 김우영, 강인황, 허형주, 이정 옮김,《현대일본을 찾아서 1》, 467쪽.

35. Freiherrn Wilhelm von Richthofen,《Chrysanthemum und Drache》, 1902년, 147~149쪽.

36. 메이지 정부,《日本略史 The Empire of Japan, Brief Sketch of the Geography, History and Constitution》, 1876년, 33쪽.

37. A. L. Sadler,《Japanese Architecture: A Short History》, 30쪽.

38. 오영환 지음,《은근히 흥미로운 한일 고대사》, 234쪽.

39. 하야시야 다쓰사부로 지음, 김효진 옮김,《교토》, 66쪽.

40. 최재석 지음,《일본 고대사의 진실》, 173쪽, 196~201쪽.

41. 위의 책, 199쪽.

42. 하야시야 다쓰사부로 지음, 김효진 옮김,《교토》, 71쪽.

43. 김경임 지음,《문화유산으로 일본을 말한다》, 135쪽.

44. 알렉스 커 지음, 윤영수, 박경환 옮김,《사라진 일본》, 299쪽.

45. 야마모토 시치헤이 지음, 고경문 옮김,《일본인이란 무엇인가》, 108쪽.

46. 하야시야 다쓰사부로 지음, 김효진 옮김,《교토》, 48쪽.

47. 위의 책, 59~61쪽.

48. Song-nai Rhee, C. Melvin Aikens with Gina L. Barnes,《Archaeology and History of TORAIJIN》, Preface xi.

49. 위의 책, 5~6쪽.

50. Bernhardus Varenius,《Descriptio Regni Japoniae》, 1649년/ Ernst-Christian 독일어 번역,《Beschreibung des Japanischen Reiches》, 1974년, 232쪽.

51. 이광준 지음,《한 · 일 불교문화교류사》, 124쪽.

52. 위의 책, 128쪽.

53. 가와이 아쓰시 지음, 원지연 옮김,《하룻밤에 읽는 일본사》, 35쪽.

54. 이광준 지음,《한 · 일 불교문화교류사》, 139쪽.

55. 존 카터 코벨 지음, 김유경 옮김,《일본에 남은 한국 미술》, 68쪽.

56. Sir Hubert Jerningham,《From West To East》, 1907년, 110~111쪽.

57. 이광준 지음,《한 · 일 불교문화교류사》, 136~138쪽.

58. 이시다 이찌로우 지음, 성해준, 감영희 옮김,《일본 사상사 개론》, 63쪽.

59. Sir Hubert Jerningham,《From West To East》, 1907년, 111~112쪽.

60. Inazo Nitobe,《Japanese Traits and Foreign Influences》, 1927년, 43~45쪽.

61. 함석헌 지음,《뜻으로 본 한국역사》, 134~135쪽.

62. 지상현 지음,《한중일의 미의식》, 181쪽.

63. 야마모토 시치헤이 지음, 고경문 옮김,《일본인이란 무엇인가》, 451쪽.

64. 현병주 지음,《수길 일대와 임진록》, 136~137쪽.

65. Max von Brandt,《Ostasiatische Fragen: China, Japan, Korea》, 1897년, 66쪽.

66. 위의 책, 67쪽.

67. 김시덕 지음,《동아시아, 해양과 대륙이 맞서다》, 53쪽.

68. Hiroshi Kaneshiro, 〈2024.5.15. 자 페이스북 포스팅〉.

69. 김용운 지음,《천황은 백제어로 말한다》, 151~153쪽.

70. 이안 부루마 지음, 최은봉 옮김,《근대 일본》, 38쪽.

71. 가토 슈이치 지음, 박인순 옮김,《일본문화의 시간과 공간》, 9쪽.

72. Freiherrn Wilhelm von Richthofen,《Chrysanthemum und Drache》, 1902년, 57쪽.

73. 帝國書院,《圖說 日本史通覽》, 162쪽.

74. 이마타니 아키라 지음, 이근우 옮김,《무가와 천황》, 240쪽.

75. 위의 책, 242쪽.

76. 帝國書院,《圖說 日本史通覽》, 162쪽.

77. A. L. Sadler,《Japanese Architecture: A Short History》, 29쪽.

78. 허수열, 김인호 공저,《조슈 이야기》, 98쪽.

79. 일본 역사 교육자 협의회 편, 송완범, 신현승, 윤한용 옮김,《동아시아 역사와 일본》, 158쪽.

80. 片野次雄,《善隣友好のコリア史》, 96~98쪽.

81. 손승철 지음,《조선통신사》, 114쪽.

82. 김시덕 지음,《동아시아, 해양과 대륙이 맞서다》, 195쪽.

83. 마리우스 B. 잰슨 지음, 김우영, 강인황, 허형주, 이정 옮김,《현대일본을 찾아서 1》, 120쪽.

84. 하지영 지음,《신유한 평전, 천하제일의 문장》, 124~125쪽.

85. 일본 역사 교육자 협의회 편, 송완범, 신현승, 윤한용 옮김,《동아시아 역사와 일본》, 154, 158쪽.

86. Bernhardus Varenius,《Descriptio Regni Japoniae》, 1649년/ Ernst-Christian 독일어 번역,
《Beschreibung des Japanischen Reiches》, 1974년, 83쪽.

87. 위의 책, 77쪽.

88. Freiherrn Wilhelm von Richthofen, 《Chrysanthemum und Drache》, 1902년, 57쪽.

89. 帝國書院, 《圖說 日本史通覽》, 107쪽.

90. Sir Hubert Jerningham, 《From West To East》, 1907년, 112쪽.

91. 에드윈 오 라이샤워 지음, 조윤수, 성은영 옮김, 《일본, 과거 그리고 현재》, 59쪽.

92. Bernhardus Varenius, 《Descriptio Regni Japoniae》, 1649년/ Ernst-Christian 독일어 번역, 《Beschreibung des Japanischen Reiches》, 1974년, 122~123쪽.

93. 다카하시 도루 지음, 구인모 옮김, 《식민지 조선인을 논하다》, 61, 95~96쪽.

94. 마르티나 도이힐러 지음, 이훈상 옮김, 《한국의 유교화 과정》, 21쪽.

95. 가토 슈이치 지음, 오황선 옮김, 《일본인이란 무엇인가》, 12쪽.

96. Hansook Kim, 〈2023.3.27. 자 페이스북 포스팅〉.

97. 마리우스 B. 잰슨 지음, 김우영, 강인황, 허형주, 이정 옮김, 《현대일본을 찾아서 1》, 497쪽.

98. 최태영 지음, 김유경 정리, 《한국 고대사를 생각한다》, 38~44쪽.

99. 루트 베네딕트 지음, 김윤식, 오인석 옮김, 《국화와 칼》, 151쪽.

100. 니토베 이나조, 미야모토 무사시 지음, 추영현 옮김, 《무사도》, 47쪽.

101. 루트 베네딕트 지음, 김윤식, 오인석 옮김, 《국화와 칼》, 161쪽.

102. 가와이 아쓰시 지음, 원지연 옮김, 《하룻밤에 읽는 일본사》, 260~261쪽.

103. Herbert Scurla 편집, 《Reise in Nippon》, 27쪽.

104. 마리우스 B. 잰슨 지음, 김우영, 강인황, 허형주, 이정 옮김, 《현대일본을 찾아서 1》, 132~134쪽.

105. 위의 책, 139쪽.

106. 위의 책, 143~144쪽.

107. 위의 책, 135쪽.

108. 야마모토 시치헤이 지음, 고경문 옮김, 《일본인이란 무엇인가》, 310~312쪽.

109. 위의 책, 301쪽.

110. 아베 류타로 지음, 고선윤 옮김, 《도쿠가와 이에야스는 어떻게 난세의 승자가 되었는가》, 168쪽.

111. 다니카 아키라 지음, 김정희 옮김, 《메이지 유신》, 64~65쪽.

112. 서현섭 지음, 《일본 극우의 탄생, 메이지 유신 이야기》, 136쪽.

113. 위의 책, 137쪽.

114. 김세진 지음, 《요시다 쇼인, 시대를 반역하다》, 72쪽.

115. 다니카 아키라 지음, 김정희 옮김, 《메이지 유신》, 8~9쪽.

116. 현병주 지음, 《수길 일대와 임진록》, 142쪽.

117. 위의 책, 229쪽.

118. 함석헌 지음, 《뜻으로 본 한국역사》, 133쪽.

119. 폴 노버리 지음, 윤영 옮김, 《일본》, 89~91쪽.

120. 손승철 지음, 《조선통신사》, 159쪽.

121. A. L. Sadler, 《Japanese Architecture, A Short History》, 25쪽.

122. 가토 슈이치 지음, 박인순 옮김, 《일본문화의 시간과 공간》, 189~190쪽.

123. 帝國書院, 《圖說 日本史通覽》, 135쪽.

124. 존 카터 코벨 지음, 김유경 옮김, 《일본에 남은 한국 미술》, 170쪽.

125. Loraine E. Kuck, 《The World of the Japanese Gardens》, 67~69쪽.

126. Kazuo Inumaru, 《Die heilige Stadt in Kyoto》, 57쪽.

127. 혼고 가즈토 지음, 이민연 옮김, 《센고쿠 시대: 무장의 명암》, 66~69쪽.

128. 현병주 지음, 《수길 일대와 임진록》, 94~95쪽.

129. Marie von Bunsen, 《Im Fernen Osten》, 1935년, 54쪽.

130. 홍성화 지음, 《일본은 왜 한국역사에 집착하는가》, 29쪽.

131. 박천수 지음, 《고대 한일 교류사》, 634~635쪽.

132. 帝國書院, 《圖說 日本史通覽》, 54쪽.

133. 최박광 옮김, 《일본서기 / 고사기》, 556쪽.

134. 박천수 지음, 《고대 한일 교류사》, 647쪽.

135. 윌리엄 엘리엇 그리피스 지음, 신복룡 옮김, 《은자의 나라 한국》, 60쪽.

136. Richard Katz, 《Fünkelnder Ferner Osten!》, 1935년, 212쪽.

137. 아베 류타로 지음, 고선윤 옮김, 《도쿠가와 이에야스는 어떻게 난세의 승자가 되었는가》, 148~149쪽.

138. 위의 책, 166쪽.

139. 후쿠야마역사민속자료관 발간, 《朝鮮通信使と福山藩港鞆の津》, 20쪽.

140. 이광준 지음, 《한 · 일 불교문화교류사》, 111쪽.

141. Shuichi Kato, 《Geheimnis Japan》, 58쪽.

142. 최재석 지음, 《일본 고대사의 진실》, 25쪽.

143. 孫崎享, 《日本國の正体》, 74~75쪽.

144. 조 지무쇼 편저, 전선영 옮김, 《30개 도시로 읽는 일본사》, 233쪽.

145. 위의 책, 235~236쪽.

146. 홍성화 지음, 《일본은 왜 한국 역사에 집착하는가》, 88쪽.

147. 최태영 지음, 김유경 정리, 《한국 고대사를 생각한다》, 247~248쪽.

148. Kazutoshi Hando(Original Story), Yukinobu Hoshino(Manga Adaptation), 《JAPAN'S LONGEST DAY》, 463~470쪽.

149. A. L. Sadler, 《Japanese Architecture: A Short History》, 38쪽.

150. 존 카터 코벨 지음, 김유경 옮김, 《일본에 남은 한국 미술》, 93쪽. Dr. Jon Carter Covell, Alan Covell, 《Korean Impact On Japanese Culture》, 65쪽.

151. Seiroku Noma, 《The Arts of Japan, Ancient and Medieval》, 267쪽.

152. 존 카터 코벨 지음, 김유경 옮김, 《일본에 남은 한국 미술》, 93쪽.

153. 위의 책, 95쪽.

154. Shuichi Kato, 《Geheimnis Japan》, 61쪽.

155. 존 카터 코벨 지음, 김유경 옮김, 《일본에 남은 한국 미술》, 191쪽.

156. 孫崎享, 《日本國の正体》, 88쪽.

157. 孫崎享, 《日本國の正体》, 89쪽.

158. 동북아 역사자료총서 125, 《역주 일본서기3》, 368쪽.

159. 김경임 지음, 《문화유산으로 일본을 말한다》, 175쪽.

160. Shuichi Kato, 《Geheimnis Japan》, 58쪽.

161. 김동욱 지음, 《한국 건축, 중국 건축, 일본 건축》, 52쪽.

162. 동북아 역사자료총서 125, 《역주 일본서기3》, 31~31쪽.

163. 존 카터 코벨 지음, 김유경 옮김, 《일본에 남은 한국 미술》, 79쪽.

164. Dr. Jon Carter Covell, Alan Covell, 《Korean Impact On Japanese Culture》, 55쪽.

165. 위의 책, 55쪽.

166. A. L. Sadler, 《Japanese Architecture: A Short History》, 38쪽.

167. 지상현 지음, 《한중일의 미의식》, 30쪽.

168. 김경임 지음, 《문화유산으로 일본을 말한다》, 177쪽.

169. 일연 지음, 서철원 번역 · 해설, 《삼국유사》, 236쪽.

170. J. Edward Kidder, 《Japan before Buddhism》/ Hans G. Schürmann 독일어 번역, 《Alt-Japan》, 125쪽.

171. 존 카터 코벨, 《일본에 남은 한국미술》, 85~86쪽.

172. Shuichi Kato, 《Geheimnis Japan》, 63~64쪽.

173. 孫崎享, 《日本國の正体》, 88쪽.

174. 위의 책, 88쪽.

175. 야나기 무네요시 지음, 이길진 옮김, 《조선과 그 예술》, 82~83쪽.

176. 존 카터 코벨, 《일본에 남은 한국미술》, 118~121쪽.

177. Shuichi Kato, 《Geheimnis Japan》, 60쪽.

178. Seiroku Noma, 《The Arts of Japan, Ancient and Medieval》, 34~38쪽.

179. 단재 신채호 지음, 김종성 옮김, 《조선상고사》, 502쪽.

180. A. L. Sadler, 《Japanese Architecture: A Short History》, 28쪽.

181. A. L. Sadler, 《Japanese Architecture: A Short History》, 28쪽.

182. Ernst Waldschmidt, Ludwig Alsdorf, Bertold Spuler, Hans O. H. Stange und Oskar Kressler, 《Geschichte Asiens》, 584쪽.

183. 江上波夫, 《江上波夫の日本古代史》, 315쪽.

184. 김홍수, 《아스카 · 나라: 역사를 따라서 한국을 찾아 걷다》, 9쪽.

185. 오영환 지음, 《은근히 흥미로운 한일 고대사》, 20쪽.

186. 김경임 지음, 《문화유산으로 일본을 말한다》, 121쪽.

187. 박천수 지음, 《고대 한일 교류사》, 274쪽.

188. 박천수 지음, 《고대 한일 교류사》, 276쪽.

189. J. Edward Kidder, 《Japan before Buddhism》/ Hans G. Schürmann 독일어 번역, 《Alt-Japan》, 122쪽.

190. 오영환 지음, 《은근히 흥미로운 한일고대사》, 282쪽.

191. 이시다 이찌로우 지음, 성해준, 감영희 옮김, 《일본 사상사 개론》, 60쪽.

192. 존 카터 코벨 지음, 김유경 옮김, 《일본에 남은 한국 미술》, 122쪽.

193. Donald F. Mccallum, 《The Four Great Temples》, 1~3쪽.

194. 위의 책, 246~247쪽.

195. Richard Katz, 《Fünkelnder Ferner Osten!》, 1935년, 225쪽.

196. Sir Hubert Jerningham, 《From West To East》, 1907년, 110쪽.

197. 최재석 지음, 《일본 고대사의 진실》, 182쪽.

198.   최재석 지음,《일본 고대사의 진실》, 187쪽.

199.   하야시야 다쓰사부로 지음, 김효진 옮김,《교토》, 76쪽.

200.   Loraine Kuck,《The World of the Japanese Garden》, 67~69쪽.

201.   Shuichi Kato,《Geheimnis Japan》, 60쪽.

202.   지상현,《한중일의 미의식》, 252쪽.

203.   함석헌 지음,《뜻으로 본 한국역사》, 171쪽.

204.   홍광표,《교토 속의 정원, 정원 속의 교토》, 108쪽.

205.   도널드 리치 지음, 박경환, 윤영수 옮김,《도널드 리치의 일본 미학》, 101쪽.

206.   위의 책, 19~20쪽.

207.   홍광표 지음,《교토 속의 정원, 정원 속의 교토》, 13쪽.

208.   존 카터 코벨 지음, 김유경 옮김,《일본에 남은 한국 미술》, 306쪽.

209.   위의 책, 304쪽.

210.   도널드 리치 지음, 박경환, 윤영수 옮김,《도널드 리치의 일본 미학》, 143쪽.

211.   폴 노버리 지음, 윤영 옮김,《일본》, 156쪽.

212.   Inazo Nitobe,《Japanese Traits and Foreign Influences》, 1927년, 99쪽.

213.   위의 책, 112쪽.

214.   Shuichi Kato,《Geheimnis Japan》, 148쪽.

215.   존 카터 코벨 지음, 김유경 옮김,《일본에 남은 한국 미술》, 318쪽.

216.   Ernst Waldschmidt, Ludwig Alsdorf, Bertold Spuler, Hans O. H. Stange und Oskar Kressler,《Geschichte Asiens》, 597쪽.

217.   존 카터 코벨 지음, 김유경 옮김,《일본에 남은 한국 미술》, 311쪽.

218.   지상현,《한중일의 미의식》, 141쪽.

219.   알렉스 커 지음, 윤영수, 박경환 옮김,《사라진 일본》, 375쪽.

220.   하야시야 다쓰사부로 지음, 김효진 옮김,《교토》, 56~57쪽.

221. 위의 책, 58쪽.

222. 出羽弘明,《新羅神社と古代の日本》, 197~198쪽.

223. 최태영 지음, 김유경 정리,《한국 고대사를 생각한다》, 304쪽.

224. 동북아 역사자료총서 125,《역주 일본서기3》, 350쪽.

225. 出羽弘明,《新羅神社と古代の日本》, 8쪽, 200~201쪽.

226. 위의 책, 200~201쪽.

227. 이광준 지음,《한·일 불교문화교류사》, 602~609쪽.

228. E. O. 라이샤워 지음, 서병국 상해·완역,《일본인의 당나라 견문록》, 480~501쪽.

229. 박천수 지음,《고대 한일 교류사》, 649쪽.

230. E. O. 라이샤워 지음, 서병국 상해·완역,《일본인의 당나라 견문록》, 464~465쪽.

231. 위의 책, 464~479쪽.

232. 강영순 지음,《임진왜란》, 253쪽.

233. 혼고 가즈토 지음, 이민연 옮김,《센고쿠 시대: 무장의 명암》, 230쪽.

234. 出羽弘明,《新羅神社と古代の日本》, 83쪽.

235. 무라이 쇼스케 지음, 이영 옮김,《중세 왜인의 세계》, 82~87쪽.

236. 김세진 지음,《요시다 쇼인, 시대를 반역하다》, 81쪽.

237. 장시정 지음,《한국 외교관이 만난 독일모델》, 99쪽.

238. 최태영 지음, 김유경 정리,《한국 고대사를 생각한다》, 158~159쪽.

239. 알렉스 커 지음, 윤영수, 박경환 옮김,《사라진 일본》, 300쪽.

240. 出羽弘明,《新羅神社と古代の日本》, 서문.

241. 出羽弘明,《新羅神社と古代の日本》, 83~84쪽.

242. A. L. Sadler,《Japanese Architecture: A Short History》, 35쪽.

243. 위의 책, 36쪽.

244. 江上波夫,《江上波夫の日本古代史》, 316쪽.

245. 앨런 말라흐 지음, 김현정 옮김,《축소되는 세계》, 128~131쪽.

246. 中公新書編集部 編,《日本史の論点》, 64~68쪽.

247. 피타 켈레크나 지음, 임웅 옮김,《말의 세계사》, 567쪽.

248. 片野次雄,《蒙古襲來のコリア史》, 17쪽.

249. 이노우에 야스시 지음, 장홍규 옮김,《검푸른 해협》, 211쪽.

250. 김성칠 지음,《고쳐 쓴 조선 역사》, 152쪽.

251. 최재석,《일본 고대사의 진실》, 190쪽.

252. 帝國書院,《圖說 日本史通覽》, 132쪽.

253. 조 지무쇼 편저, 전선영 옮김,《30개 도시로 읽는 일본사》, 359쪽.

254. 류성룡 지음, 장윤철 옮김,《징비록》, 83~84쪽.

255. 알렉산더 머피 지음, 김이재 옮김,《지리학이 중요하다》, 70쪽.

256. 와다 하루키 지음, 남상구, 조윤수 옮김,《한국전쟁 전사》, 262쪽.

257. 장시정 지음,《아직, 역사는 끝나지 않았다》, 213쪽.

258. 야나기 무네요시 지음, 이길진 옮김,《조선과 그 예술》, 84쪽.

259. 마틴 푸크너 지음, 허진 옮김,《컬처: 문화로 쓴 세계사》, 11쪽.

260. 위의 책, 168쪽.

261. 가토 슈이치 지음, 이규원 옮김,《가토 슈이치의 독서 만능》, 185쪽.

어느 독일통 외교관의
일본 역사 기행

초판인쇄 2024년 8월 9일
초판발행 2024년 8월 9일

지은이 장시정
펴낸이 채종준
펴낸곳 한국학술정보(주)
주 소 경기도 파주시 회동길 230(문발동)
전 화 031-908-3181(대표)
팩 스 031-908-3189
홈페이지 http://ebook.kstudy.com
E-mail 출판사업부 publish@kstudy.com
등 록 제일산-115호(2000. 6. 19)

ISBN   979-11-7217-481-1 93980